U0332940

●国家“十二五”少数民族语言文字出版规划项目

●民族文字出版专项资金资助项目

●广东省高校人文社科重点基地“视觉文化研究中心”项目

云南独有少数民族服饰文化大典

（纳西文）

Yuiqnaiq dal jjiuq gge saseel miqceef

muggvqjjiq kuel liul

◎邓启耀 著

云南出版集团
云南美术出版社

图书在版编目（CIP）数据

云南独有少数民族服饰文化大典 / 邓启耀著. -- 昆明：云南美术出版社, 2022.7
ISBN 978-7-5489-1886-8

Ⅰ. ①云… Ⅱ. ①邓… Ⅲ. ①少数民族－民族服饰－服饰文化－云南省 Ⅳ. ①TS941.742.8

中国版本图书馆CIP数据核字（2015）第128643号

责任编辑：师　俊　张湘柱
装帧设计：高　伟　张湘柱
责任校对：赵　婧　温德辉

云南独有少数民族服饰文化大典

Yuiqnaiq dal jjuq gge saseel miqceef muggvqjjiq kuel liul

邓启耀　著

出　　版：云南出版集团
　　　　　云南美术出版社
社　　址：云南省昆明市环城西路609号
邮政编码：650034
电　　话：0871-64195209（总编室）
　　　　　0871-64107562（营销部）
发　　行：云南新华书店集团有限公司
印　　刷：重庆新金雅迪艺术印刷有限公司
开　　本：889mm × 1194mm　1/16
印　　张：22.75
字　　数：250千字
版　　次：2022年7月第1版
印　　次：2022年7月第1次印刷
ISBN 978-7-5489-1886-8
定　　价：560.00元

目　录

Mufluf

引　言

什么是云南独有民族？

按照现有行政区划和民族识别所界定，即阿昌族、白族、布朗族、傣族、德昂族、独龙族、哈尼族、基诺族、景颇族、拉祜族、傈僳族、纳西族、怒族、普米族、佤族，共15种民族。

事实上，云南的本土族群和后来迁徙至此的族群，千百年来你来我往，许多族群跨界跨境而居，形成多样的格局；各民族血缘、习俗和信仰相互融合，属于常态。所以，关于云南独有民族生存的空间，不是平面的分布；关于云南独有民族服饰的历史，也不可能是单线的溯源。我们只有在多重时空交错叠合的痕迹里，去寻觅依稀的族群记忆。

从空间上看，通过卫星鸟瞰地球第三极青藏高原，在喜马拉雅山脉东，横断山脉如大地旋流横空出世，南端的高黎贡山、怒山、云岭南北向并肩而列，澜沧江、金沙江、怒江在险峻峰岭挟持中集束状三江并流，继而东去南下，流向两洋（太平洋和印度洋）。这一地区处于青藏高原、云贵高原、掸邦高原几大地质板块交会衔接之处，山形地貌和地质结构错综复杂，海拔高差和地势高差大，纬度跨距长，从迪庆高山到西双版纳坝子，不到一千公里的直线距离，经历五个气候带。横断山区域是世界上罕见的生态多样性和文化多样性并存的地区，云南15个独有民族，全部“立体”地分布在这一区域。如果将本书主要涉及的各民族的衣着情况，沿着横断山脉不同纬度、海拔和自然环境做一概述，会看到更丰富的变化层次。其中，普米族多住高寒山区，服装宽博厚实，服装款式基本是大襟衣、长裤或百褶长裙，腰系宽大的氆氇腰带，穿皮靴，戴毡帽，背披毛皮，以适应“长冬无夏，春去秋来”的气候特点。哈尼族喜居中山地带，善于经营梯田，服装款式多为衣裤型，衣有大襟衣、开襟衣、叠合衣等多种款式，下装为适应不同山地而有长裤、齐膝裤、紧身短裤或超短百褶裙。傈僳族、怒族、独龙族起居劳作都在怒江、独龙江峡谷坡地上，阳光照进谷内的时间比较短，所以，他们的服装便要适应这种日照则炎热，日斜便阴冷的特点，多有护胸暖背的坎肩或便于调整的披裹式衣装。基诺族、佤族、德昂族、布

◆ 沧源岩画（临沧市沧源佤族自治县，1991年，邓启耀摄）

朗族、景颇族、拉祜族广布亚热带山林，为适应湿热山地的自然环境，他们的服装都较短，大多取无领或低领式样，以免汗渍，衣袖较短较窄，配裙或裤。其中，佤族、基诺族妇女的筒裙相对较短，德昂族、布朗族、景颇族、拉祜族的筒裙较长；山地温差大，她们的筒裙质地多硬挺厚实，以御夜晚寒冷山风。纳西族、白族聚居于海拔2000米上下的山间盆地，气候凉爽，其服装以“短打扮”为主，不过，“护着前心后背”的领褂或披肩，皆必不可少。傣族、阿昌族常选湿热河坝聚居，服式以短、薄、柔和贴身为主要特色。

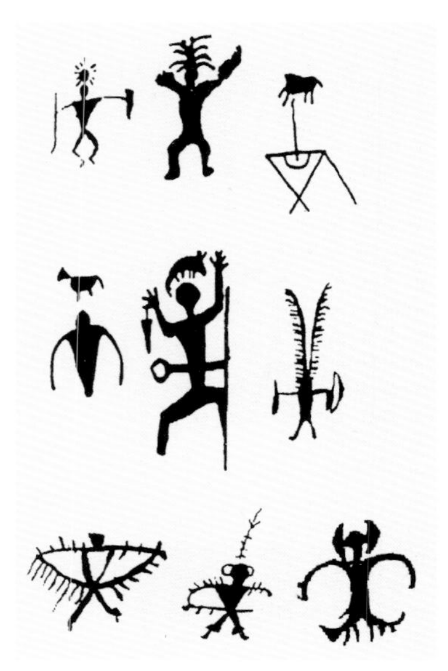

◆ 沧源岩画上的“羽人”“鱼尾”形人及各种头饰、耳饰和身饰

横断山区域较少天地一色、索然寡味的单一自然环境，各族服装更少因时而趋的一统流行色。生活在这里的各民族的服饰之所以千姿百态，一个重要的因素，当与他们生存的自然环境和所取的不同生活方式有关。正所谓“十里不同天，一山不同俗”“隔山隔河不同装”。基诺族的树皮衣，独龙族的麻布毯，傈僳族的火草褂，德昂族的藤腰箍，怒族的海贝帽，傣族的孔雀衣，白族的扎染巾，布朗族的翘角衫，景颇族的犀鸟冠，拉祜族的太阳芒纹，佤族的月形头箍，纳西族的七星披肩，阿昌族的蝉衫瘦裙，普米族的大襟长袍，哈尼族的小裳短裙，皆直接取之于山林，是天地的写意。多样的地理、气候、物产等自然条件，丰富的历史传统、信仰和习俗，影响和制约着各民族的服饰，它们是对自然的适应，也是文化的养成。

从历史上看，早在上古时代，这一地区就活动着氐羌系统、百越系统、百濮系统三大族群的部落。他们逐水而居，依山建寨，与原生族群各部落经过不断分化、融合、重组，不停地东行西向，南来北往，沿河谷、顺山梁，将丝绸、稻米、青铜、宝玉、茶叶、宗教、艺术等物质的和精神的产品，依山形水势传向四方，也接纳了来自八面的思想、文化、技术乃至各族移民。中国南方青铜文化、亚洲稻作文化、缅甸玉石，艰险的南方陆上丝绸之路、茶马古道，以及20世纪初中叶修通的滇越铁路、滇缅公路（史迪威公路），道教、藏传密宗佛教、南传上座部佛教、基督教、伊斯兰教以及各民族原生宗教或民间信仰，南方神话、史诗、歌谣、雕刻、绘画、音乐、舞蹈等，使这个地区成为经济活跃、文化多元的黄金走廊。

在几千年的生息、开发、迁徙、流变中，古老的族群随世易号，因地殊名，或受“六祖分支”而为若干部族或支系，或因战争、兼并及文化汇流而彼此融合为一个民族，或被移民、“屯田”开荒，或为避难逃荒流入僻地，族系源流显得非常复杂纷繁。上古时代的氐羌系统族群到秦汉时分化为滇、劳浸、莫靡、邛都、叟、昆明、哀牢、徙、摩沙等，百濮系统族群分化为闽濮、苞满等，百越系统族群分化为越、掸、僚、夜郎、町、漏卧、滇越等。随后两千年，随着各民族交往的频繁，民族族系及名称变化更大，直到20世纪中叶，才相对确定为藏缅语族的白、哈尼（东南亚其他国家称“阿卡”“高”，以下括号内所注皆为东南亚各国的对比称谓）、纳西、景颇（克钦）、傈僳、阿昌（峨昌、傣撒）、拉祜、怒、独龙、普米、基诺等，孟高棉语族的佤（拉佤）、布朗、德昂（崩龙）等，

◆ 沧源岩画上人物的各种头饰、耳饰和身饰（详见邓启耀主编：《云南岩画艺术》。昆明：云南人民出版社、云南美术出版社，2004年版）

◆ 麻栗坡县大王崖岩画

◆ 纳西族东巴象形文字“纺线”

◆ 纳西族东巴象形文字“织布”，描绘了踞织的情形

①参见胡绍锦：《昆明安宁县新石器时代洞穴遗址的初步调查》（铅印稿）。转引处见云南社会科学院哲学所及安宁县县志编纂委员会办公室编《安宁发展史》，云南人民出版社，1989年版。

②〔清〕檀萃辑：《滇海虞衡志》，见方国瑜主编：《云南史料丛刊》第11卷。昆明：云南大学出版社，1998年版。

③〔晋〕常璩撰：《华阳国志·南中志》，见方国瑜主编：《云南史料丛刊》第1卷，260页。昆明：云南大学出版社，1998年版。《后汉书》也有类似叙述。

壮侗语族的傣（泰、掸）等。所有这些民族，大多有若干支系，称谓不一，生活环境不一，某些生活习惯甚至语言不一样，服装就更不一样了。上百种民族族支共处于云南，其丰富多样的人文景观，当为世界一绝。

根据考古发掘和文献记载，在滇池、洱海地区和金沙江、澜沧江等流域，都发现了许多石锥、骨锥、角锥、牙锥或骨角针、陶制纺轮、网坠、穿孔蚌、贝、抿、珠、笄、镯、环等装饰品，可以猜想远古时代生活在这块土地上的人们，是怎样收拾打扮自己的。以石、玉、琥珀、玛瑙之类为佩饰，可上溯的历史极古远，涉及的民族也极众多。在昆明安宁市草铺乡燕子洞新石器时代遗址，发现有磨制的钟乳石镯（残片）。附近的八街镇大天窗新石器时代遗址也发现有磨光穿孔砾石。据比较研究，这类器物同在云南呈贡、广东和广西发现的穿孔石器相同，都同属华南新石器时代洞穴文化[①]。

年代约在3300年前的沧源岩画，描绘了大量的人物和场景。从可辨的图像看，除了裸体（古籍常提到西南夷中有“裸形蛮”“裸国”等），至少还有以下几种：服装有羽冠、羽披、鱼尾服等类，饰品有羽饰、角饰、尾饰、耳饰等类，其中，“羽人”及头饰和耳饰尤其夸张。纹绘饰体绣面，也是当时的风尚。麻栗坡大王岩岩画上的主体人像，即有对脸部涂绘装饰的迹象。

青铜时代，盛产铜锡的古滇王国铸造的青铜器，呈现了与北方极为不同的文化特性。在出土或传世的大量铜鼓、铜扣饰、铜鼓形贮贝器、铜挂饰、铜剑、铜杖头上，镂刻或铸造出许多写实的人物造型及活动场景，是极其重要的民族学人类学图像文本。在这些青铜时代难得的“铸像民族志”上，我们看到与文献记述的古代织造相似的真实场景：“蛮织，随处立植木，挂所经于木端，女盘坐于地而织之。”[②]除踞织外，还有理纱、验布等相互配合的技术流程。同地还出土了一些铜踞织工具。这种踞织工艺，在古老的东巴文和方志中都有记述，云南独有民族如怒、独龙、佤、景颇、拉祜、德昂、布朗、哈尼、傈僳、基诺、阿昌等，至今仍有沿用。踞织法经汉至清直到现代，一以贯之，令人惊叹。在青铜器上，我们还看到不同族群不同角色人物的服装，甚至看到服装上精美的饰品或绣纹。这些服装和饰品或繁缛奇诡，或简朴大方，款式多样，种类丰富。足见西汉时，滇池地区的民族服饰就已经相当成熟了。

汉晋时，一条史称“蜀身毒道”的路经蜀、滇到东南亚、南亚（后人把它称为“南方陆上丝绸路”），张骞在大夏看到的蜀布、邛竹杖等，就是从这条古道运出去的。张骞当然还有许多东西没有看到。古代文献记载，滇池、永昌等地“土地沃腴，有黄金、光珠、琥珀、翡翠、孔雀、犀、象、蚕桑、绵、绢、彩帛、文绣，又有貊兽食铁，猩猩兽能言，其血可以染朱罽。有……梧桐木，其华柔如丝，民绩以为布，幅广五尺以还，洁白不受污，俗名桐华布，以覆亡人，然后服之及卖与人。有兰干、细布。兰干，獠言纻也，织成文如绫锦。又有罽旄帛叠……”[③]还产“蚕桑、绵绢、彩帛、文绣”[④]，“五色斑布，以丝布、吉贝木（即木棉）所作。此木熟时，状如鹅毳，中有核如珠珣，细过丝棉。人将用之，但纺不绩，任意小抽牵引，无有断绝。欲成斑布则染之五色。织以为布，弱软厚致，上毳毛，外徼人以斑布文最烦缛多巧者，名曰城城；其次小粗者，名曰文辱；又次粗者，名曰乌驎。”[⑤]还有斑布和孔雀布问世：“诸蛮多以斑布为饰……二十二年遣使至其国求奇货，得吉贝衣十袭。吉贝树名也，其华成时如鹅毳，抽其绪，纺之以作布，……亦染成五色，织为斑布。”[⑥]“适雅唐楚州贡孔雀布，谓华文如孔雀，即南斑布之类。”[⑦]西汉滇人的铜扣饰上，曾黏附着绢、帛残片。当时的主体族群“滇人”“昆明人”等，与现在云南某些独有民族的族源相关。

④〔晋〕常璩：《华阳国志·蜀志》。见方国瑜主编：《云南史料丛刊》第1卷，264页。昆明：云南大学出版社，1998年版。

⑤〔宋〕李昉撰：《太平御览》（影印本）卷八二〇引《南州异物志》，北京：中华书局，1985年版。

⑥〔宋〕欧阳修、宋祁撰：《新唐书》，见《二十五史》（影印本）第6卷，上海：上海古籍出版社，上海书店，1986年版。

⑦〔唐〕魏徵等撰：《隋书·地理志》。见《二十五史》（影印本）第5卷。上海：上海古籍出版社，上海书店，1986年版。

◆ 晋宁石寨山出土青铜贮贝器盖上的“纺织图”铸像及线描。云南民族博物馆展品及局部（邓启耀摄）

◆ 江川李家山出土青铜贮贝器盖上的“纺织图”（见张增祺主编《滇国青铜艺术》，昆明：云南人民出版社、云南美术出版社，2000年版）

◆ 坐在地上用踞织方式织筒裙的景颇族妇女（德宏傣族景颇族自治州盈江县，1993年，邓启耀摄）

◆ 虽然坐在凳上，阿昌族老人还是习惯了踞织（德宏傣族景颇族自治州梁河县，1998年，邓启耀摄）

◆ “五人缚牛镂花铜饰物”反映了“滇人”剽牛场景。器物上的五人均戴冕冠（或顶板），挽发于后并有两根长羽，双耳戴环，腕戴圆镯，着对襟衣裙，跣足（见张增祺主编《滇国青铜艺术》，昆明：云南人民出版社、云南美术出版社，2000年版）

在“杀人祭铜鼓场面铜贮贝器”上，我们也见过类似的头戴冕冠、披发长衣的人。他们似乎都与某种宗教活动（剽牛、祭典等）有关。同时出土的铜鼓和铜器盖上，刻着捕鱼、竞渡和羽舞的场面。铜鼓“捕鱼”场面上的人，皆着羽冠；铜器盖上的羽舞之人，亦头戴羽冠，裸露上身，下身着裙，裙前短后长，或持羽旃，佩长剑，或穿宽袍。

◆ 铜贮贝器盖战争场面中骑马武士（云南晋宁）青铜器上的“衣着尾”图像

◆ 云南开化鼓鼓面乐舞纹饰细部人物服饰

◆ 云南石寨山铜鼓乐舞纹饰人物的骨牙类头饰

◆ 广南出土的铜鼓竞渡场面。舟上的人皆着羽冠，下身着裙（云南省博物馆展品，邓启耀摄）

◆ “籍田出行”及“献粮”（或春祈秋报）铜贮贝器刻纹则描绘了滇人的农装祭服（见张增祺主编《滇国青铜艺术》，昆明：云南人民出版社、云南美术出版社，2000年版）

◆ 八人舞乐鎏金铜饰（西汉）人物服饰，人物头戴板状冠，冠后垂二羽带，耳饰大环，腕戴圆镯，襟、腹皆有圆形饰物。云南省博物馆展品（邓启耀摄）

◆ 云南晋宁石寨山青铜器上的人物尾饰

在一些类书、志书及笔记杂录上，多有不同民族"尾饰"的记录，如哀牢夷"衣皆着尾""武陵蛮……好五色衣，制裁皆有尾形""妙罗罗……妇女衣胸背妆花，前不掩胫，后常曳地"等。

◆ 铜俑服式（西汉）。晋宁石寨山出土。云南省博物馆展品（邓启耀摄）

◆ 乐舞俑手戴镯，耳垂环，高髻上束饰带，腰挂圆扣饰，佩短剑，披文罽或有尾兽皮，装束极为华丽（西汉）（见张增祺主编《滇国青铜艺术》，昆明：云南人民出版社、云南美术出版社，2000年版）

◆ 帽饰夸张的服式。四人铃舞鎏金铜饰（西汉）

◆ 四舞俑铜鼓。云南省博物馆展品（邓启耀摄）

◆ 云南晋宁石寨山出土圆锥形铜器盖人物服饰，全盖拓片和实物局部（西汉）。云南省博物馆展品（邓启耀摄）

◆ 云南晋宁石寨山 M12：205 号铜鼓形贮贝器上的乐舞图人物服饰

◆ 被命名为“纳贡”的贮贝器盖，可能应为古代商旅场面。围贮贝器盖环行的人物不但数量多，而且服饰各异，有的长袍锦衣，有的赤膊短裾，有的披毡着靴，有的重衣跣足，其服式、发式、头饰、佩饰等各不相同。他们或牵马，或赶牛，或背筐（背法和现在云南少数民族一样：用宽带顶在额头），计有人物 17 个，按发型和服饰分为 7 组，显然是族属不一的人群。晋宁石寨山出土西汉时期青铜贮贝器，云南省博物馆藏（见张增祺主编《滇国青铜艺术》，昆明：云南人民出版社、云南美术出版社，2000 年版）

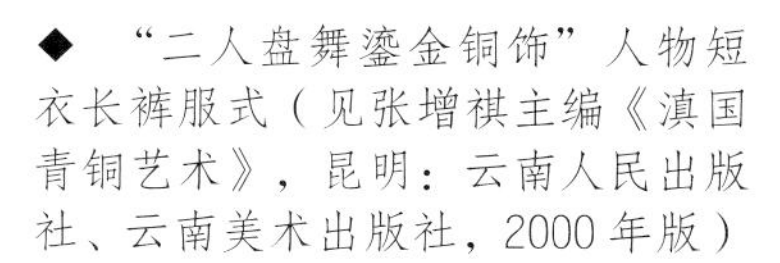

◆ “二人盘舞鎏金铜饰”人物短衣长裤服式（见张增祺主编《滇国青铜艺术》，昆明：云南人民出版社、云南美术出版社，2000 年版）

唐宋时期，处于汉、藏、东南亚等几大文化板块接合部的云南，族群互动更加频繁。公元 829 年（唐大和三年），在滇崛起的南诏国，将蜀地“工技数万引而南”[⑧]，促进了西南各族纺织技术的发展，对西南特别是边疆地区民族纺织工艺水平的提高，无疑产生了深刻的影响。同时，毛毡的加工，也很有名：“西南蛮地产绵羊，因宜多毡毳，自蛮王而下至小蛮，无一不披毡者。但蛮王中锦衫披毡，小蛮袒裼披毡尔。北毡厚而坚，南毡之长至三丈余，其阔亦一丈六七尺，折其阔而夹缝之，犹阔八九尺许。以一长毡带贯其折处，乃披毡而系带于腰，婆娑然也。昼则披，夜则卧，雨晴寒暑未始离身，其上有核桃纹，长大而轻者为妙，大理国所产也，佳者缘以皂。”[⑨]约绘于公元 9 世纪末（南诏中兴二年，即公元 899 年）的《南诏中兴画传》（又称《南诏图传》），画了外来文化与本土文化冲突与和解的故事。在服饰上表现出来的区隔与认同是：外来的和尚（梵僧）戴赤莲冠、穿靴，衣冠楚楚，本地居民穿短衣坎肩、短裤（甚至只系一兜裆布）、赤足，佩手镯脚箍；贤惠的女人长衣长裙，赤足，她们送梵僧黑淡彩丝绸缠头，梵僧去除与本地居民差异太大的赤莲冠，戴上缠头，算是一种变服从俗；皈依的本地居民也调整了衣着打扮。绘于 12 世纪的《张胜温画卷》，所描绘的供养人、侍从、官贵的服饰，更为成熟而多样。建于南诏、大理国时期的剑川石钟山石窟中两窟南诏王者造像，再现了叱咤一时的南诏王异牟寻和阁罗凤的形象。第一窟正中的异牟寻头戴莲花瓣圆穹形高冠（即《蛮书》上说的“头囊”），身着圆领宽袖长袍。周围文官武将和侍从有的挽髻，有的戴展脚袱头式帽或帷帽，有的甚至背挂斗笠，俨然“蛮地”风情。背斗笠者拿巾，拄赤藤杖，为南诏清平官，与文字文献叙述的“清平官持赤藤杖，大将军系金呿嗟”[⑩]相符。

⑧〔唐〕樊绰撰：《云南志》（《蛮书》）卷七。见方国瑜主编：《云南史料丛刊》第 2 卷。昆明：云南大学出版社，1998 年版。

⑨〔宋〕周去非《岭外代答》卷六。见方国瑜主编：《云南史料丛刊》第 2 卷，252 页。昆明：云南大学出版社，1998 年版。

⑩〔唐〕白居易《蛮子朝》诗。见方国瑜主编：《云南史料丛刊》第 2 卷，144 页。昆明：云南大学出版社，1998 年版。

◆《南诏中兴画传》之第二化。穿长衣长裙的女人送梵僧黑淡彩丝绸缠头，梵僧去除与本地居民差异太大的赤莲冠，戴上缠头（见李昆声主编：《南诏大理国雕刻绘画艺术》，云南人民出版社、云南美术出版社，1999 年版）

◆《南诏中兴画传》之第四、五化。当地的“蕃族”村民把梵僧的狗宰了，把人杀了，骨灰抛入江中。不料梵僧竟从装骨灰的竹筒里活生生地还原。人们还不罢休，继续追杀梵僧；梵僧回身而视，村民投出的长矛和射出的箭变成莲花坠落（见李昆声主编：《南诏大理国雕刻绘画艺术》，云南人民出版社、云南美术出版社，1999 年版）

◆《南诏中兴画传》之第六化，砸了铜鼓铸阿嵯耶观音像，老者穿上了拖鞋（见李昆声主编：《南诏大理国雕刻绘画艺术》，云南人民出版社、云南美术出版社，1999 年版）

◆ 晋宁观音洞元代壁画左侧人物两种裙装（见王海涛主编：《云南历代壁画艺术》，云南人民出版社、云南美术出版社，2002 年版）

◆ 《张胜温画卷》中供养人及官贵服饰（见李昆声主编：《南诏大理国雕刻绘画艺术》，云南人民出版社、云南美术出版社，1999 年版）

◆ 石钟山石窟南诏王及随从服饰（剑川县，2001 年，邓启耀摄）

◆ 南诏王异牟寻和阁罗凤的“头囊”

元明清间，民族织造水平有了进一步提高，堪称面广品多，争奇斗艳。元代“金齿百夷”“地多桑柘，四时皆蚕”，丝织傣锦质地细软，产量较多，非但“贵者锦缘”，民妇亦“衣文锦衣”[11]，后来甚至成为献给朝廷的贡物。傣锦的另一品种叫“兜罗锦”，是用木棉布为地加彩线排绣或丝与木棉彩线兼织花纹的锦布。元以后，仅云南出产的纳纹纺织品和染绣品，就有多种， 如丝质的缯、帛、锦、纱、绮、罗，棉与植物纤维质的棉布、木棉布、火草布、麻布，毛质的毡罽，氆氇等[12]。清乾隆时，大学士傅恒等奉旨编纂《皇清职贡图》，在卷首称“奉上谕：我朝统一寰宇，内外苗夷，输诚向化。其衣冠状貌，各有不同。着沿边各督抚，于所属苗、猺、黎、獞，以及外夷番众，仿其男女服饰，绘图送军机处，汇齐呈览，以昭王会之盛。各该督抚，于接壤处，俟公务往来乘便图写。不必特派专员，可于奏事之便，传谕知之”[13]。《皇清职贡图》成书九卷，记述海外诸国及国内各民族的大致情况，收录到“钦定四库全书荟要”之史部。该书图文并重，其中，卷七是关于云南部分少数民族男女状貌、服饰、生活习俗的描述。由于朝廷将其视为“我朝统一寰宇，内外苗夷，输诚向化”，“以昭王会之盛”的形象工程，各地官员纷纷仿效，编纂了不少地区性的《职贡图》。或在地方志、壁画和图卷里，对属地各种“种人”，进行了图像描述。如清阮元、伊里布等修，王崧、李诚等纂的道光十五年刻本《云南通志稿》，在“南蛮志・种人”部分，也有云南各民族的一些图像[14]。这些描绘由于多非专业人士所为，主要是“公务往来乘便图写”的，加上因涉及民族问题，下达给军机处的圣旨特别强调“不必特派专员，稍有声张，以致或生疑畏”[15]。所以，图像描绘难免较简略且不乏错讹之处。尽管如此，这些图像，也算是那个时代一种难得的影像民族志了。而那个时期的《职供图》，也勾勒了云南各民族的大致形貌。

⑪〔元〕李京《云南志略・诸夷风俗》。见方国瑜主编：《云南史料丛刊》第3卷129页。昆明：云南大学出版社，1998年版。

⑫ 以上详见杨德鋆：《云南少数民族织绣艺术概说》，北京：文物出版社《云南少数民族织绣纹样》，1987年版。

⑬〔清〕傅恒等奉敕编：《皇清职贡图》，见“钦定四库全书荟要”《山海经・皇清职贡图》183—453页，长春：吉林出版集团有限责任公司，2005年版。

⑭〔清〕阮元、伊里布等修，王崧、李诚等纂：《云南通志稿・南蛮志・种人》，道光十五年刻本图像，一一二册，云南省图书馆藏。

⑮〔清〕觉罗勒德洪 等奉敕修纂：《清实录・高宗实录》卷390. 北京：中华书局，1986影印本。

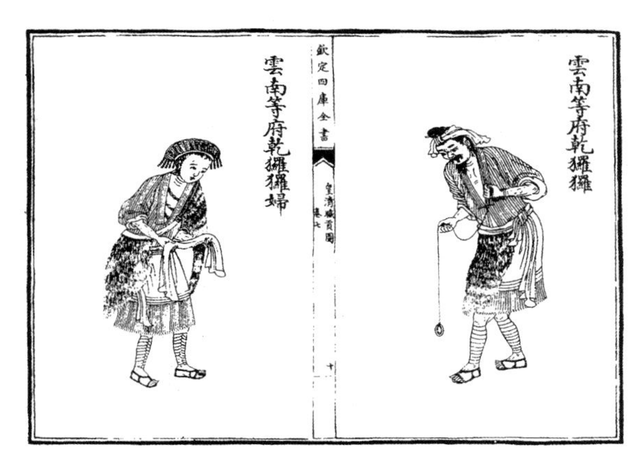

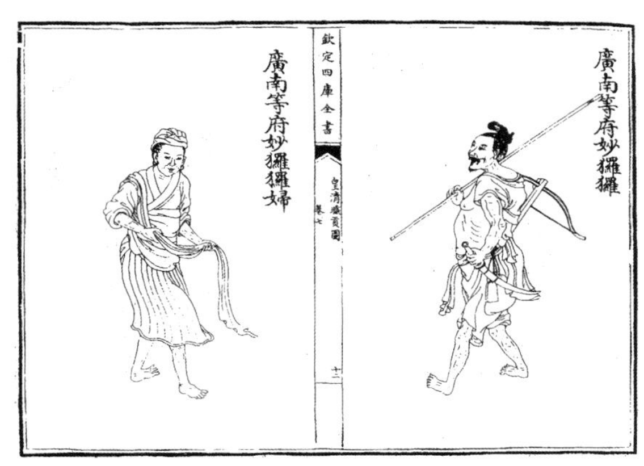

◆〔清〕阮元、伊里布等修，王崧、李诚等纂《云南通志稿・南蛮志・种人》，道光十五年刻本图像，一一二册（云南省图书馆藏）

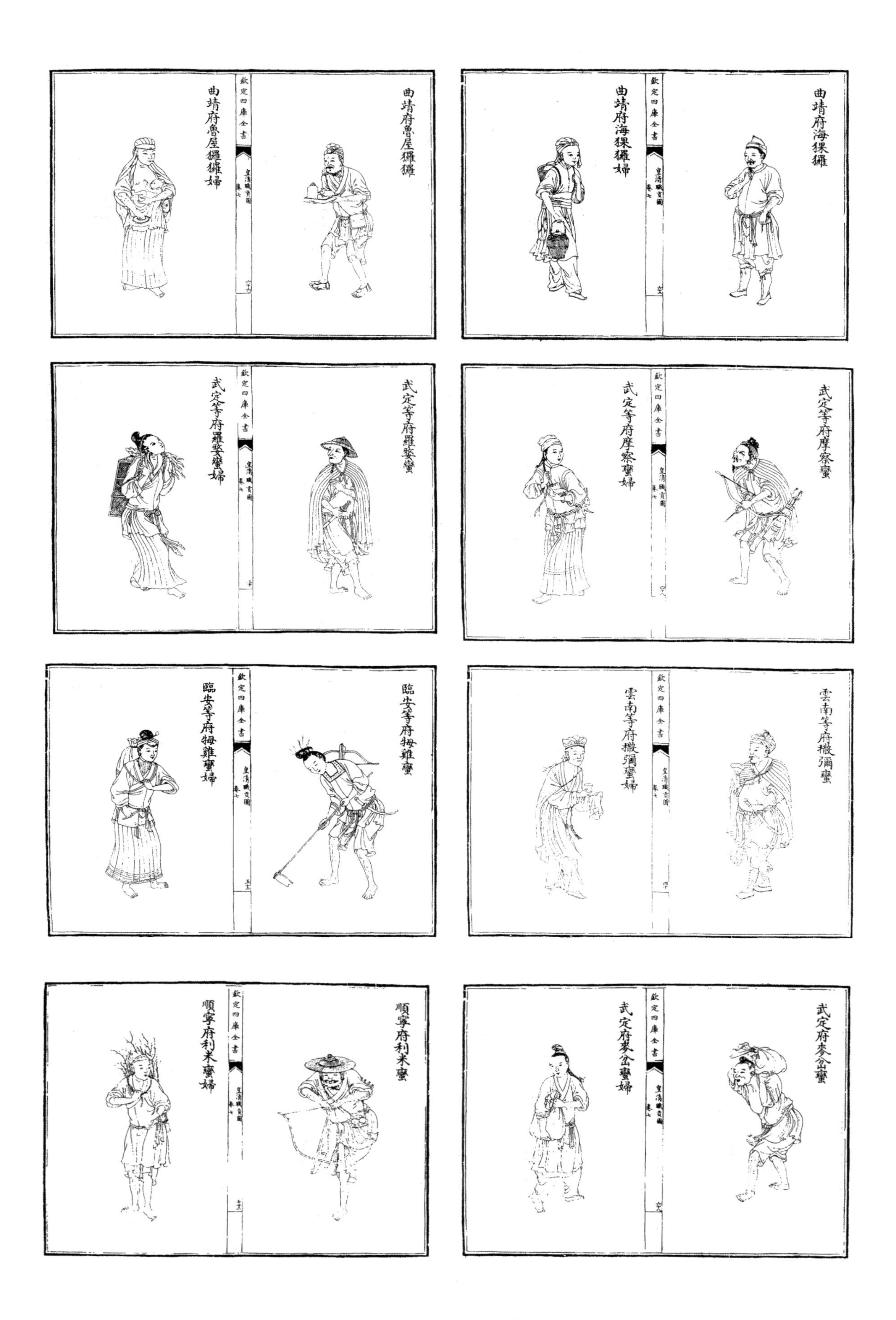

◆〔清〕阮元、伊里布等修，王崧、李诚等纂《云南通志稿·南蛮志·种人》，道光十五年刻本图像，一一二册（云南省图书馆藏）

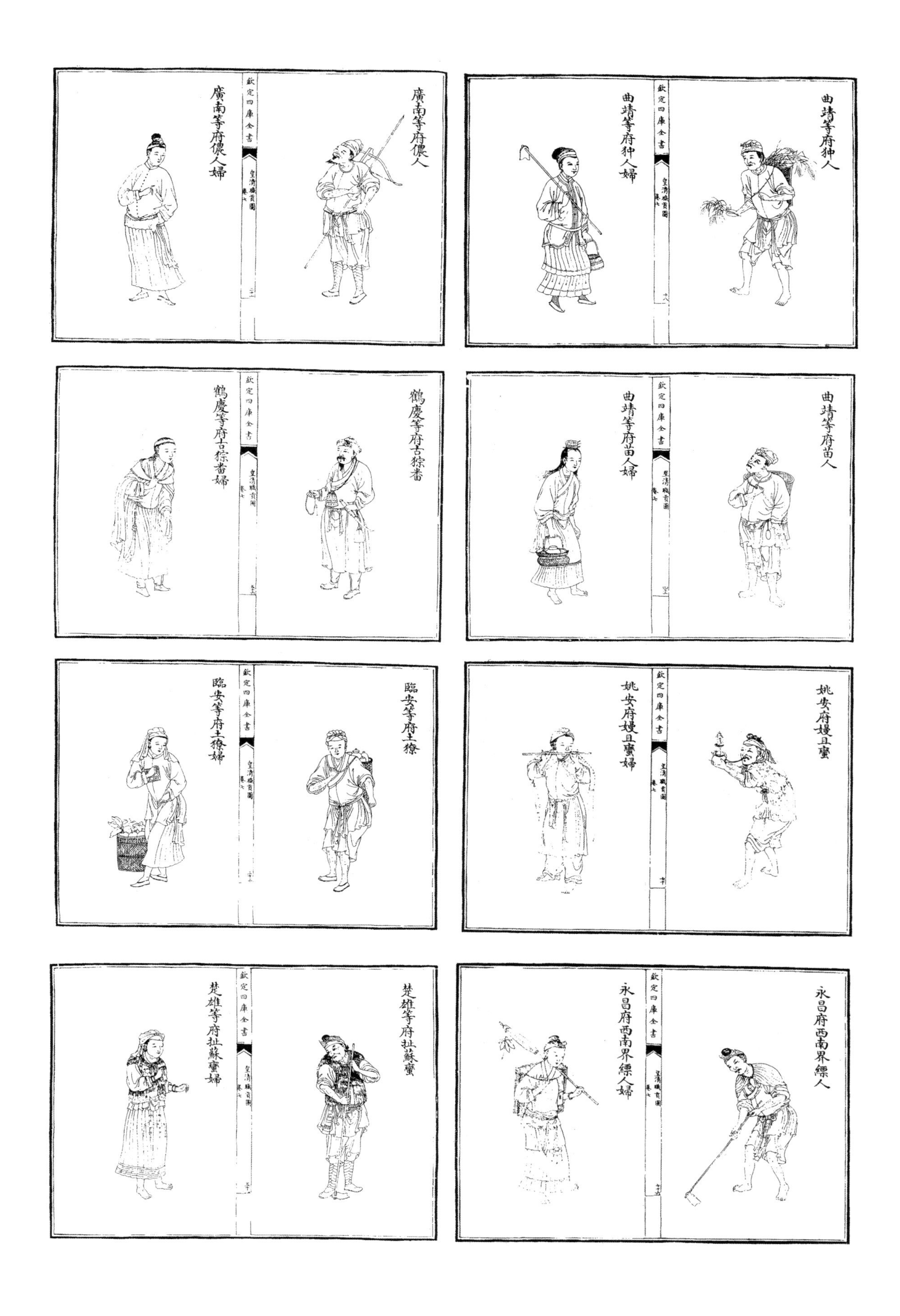

◆〔清〕阮元、伊里布等修，王崧、李诚等纂《云南通志稿·南蛮志·种人》，道光十五年刻本图像，一一二册（云南省图书馆藏）

清代《皇清职贡图》和《云南通志稿》描绘的部分云南少数民族图像比较，可以看到一定的相似性和互补性：

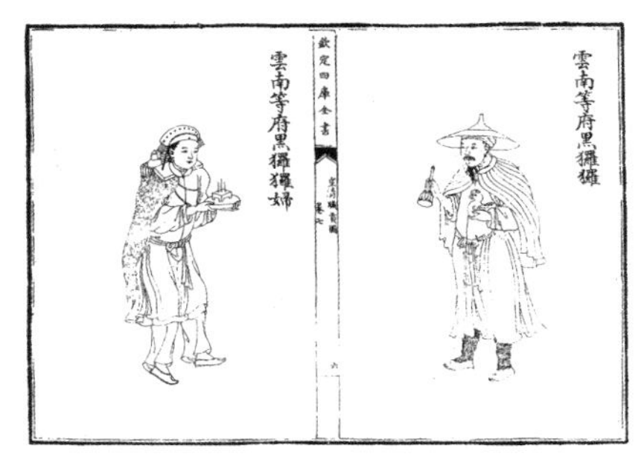

◆《皇清职贡图》之“黑倮罗”

◆《云南通志稿》之“黑倮罗”

◆《皇清职贡图》之“白倮罗”

◆《云南通志稿》之“白倮罗”

◆《皇清职贡图》“其在王弄山者，又名‘马喇’”

◆《云南通志稿》之“马喇”

◆《皇清职贡图》之“普岔蛮”

◆《云南通志稿》之“普岔蛮”

◆《皇清职贡图》之“沙人”

◆《云南通志稿》之“沙人”

◆ 沧源广允缅寺清代壁画中的舞女服饰（见王海涛主编：《云南历代壁画艺术》，云南人民出版社、云南美术出版社，2002 年版）

◆ 巍宝山文昌宫壁画“踏歌”图。巍山彝族回族自治县，2015，中山大学国家社科基金重大项目“中国宗教艺术遗产数字化保存整理研究”多媒体数据采集组摄

◆ 傣族缅寺清代壁画《西方极乐图》局部：披披风的人物（见王海涛主编：《云南历代壁画艺术》，云南人民出版社、云南美术出版社，2002 年版）

在云南一些寺庙宫观的壁画里，描绘有各民族服饰的图像也屡屡出现，如南传上座部佛教寺庙壁画中衣饰各异的舞者和供养人，道教宫观里踏歌起舞的少数民族人群等；在文人卷轴画中，穿着少数民族服饰的人物也时有出现。它们说明，在云南，民族服饰的多样特征，已经有机融进了各种视觉艺术媒介之中。

无论是自己创造，还是商贸贡礼或武力掳取，各民族的服饰文化，已在不同的彩色“走廊”上演出了很多精彩生动的史剧。各种文化既相生相补，又特色鲜明。特别是形态各异的民族文化，堪称美丽、丰富、神奇，成为世界文化中不可或缺的组成部分。在服饰上，由于古代民族在地理上迁徙无常，在心理上波动不定，各民族、族支或部落稳定性差，族别上称号纷繁，服饰上变化多端，或在文化交融中“变服从俗”，或在增殖裂变中“莫能相一”，或因地制服、随俗更衣，或根据物产择衣，或依照祖训裁服，这在相当程度上决定了民族服装的多样风格。南方几大族群的服饰文化就像这黄金走廊上的几大水系，既有主流，又多分支，经多少世代涓滴汇流，终成奇观。

Gvsheeq

Yuiqnaiq nee dal jjuq gge miqceef chee ezee gol sel neeq?

Eyi gge xiqzeil quhual nef miqceef sheefbief gguq zul bbei sel seil, Acai ceef, Bef ceef (Leibbv), Bvllaiq ceef, Dai ceef(Bbaiyi), Defngaiq ceef, Dvfleq ceef, Haniq ceef, Jinol ceef, Jipo ceef, Lahu ceeq, Liqsee ceef (Leeseel), Naqxi ceef, Nvl ceef, Pvmi ceef (Bbe), Wa ceef chee 15 siuq me nilniq gge xi’ qu gol sel neeq.

Cuq nee Yuiqnaiq nee xiyuq neeq gge zzi’ qu coqhual nef mailgguq bber bbel chee’ loq tv ceeq gge zzi’ qu cheehu tee, xikvl dvqkvl jjijji bbil, jjaiq ddeehu seil biaijisiail nibbef teiq zzeeq, ceiqlei wasiuq gge kuel bie seiq. Zzi’ qu coqlerl gozolggee qu neiq caq holho, ddumuq nef xulshee gai teiq holho chee ddu bbei ji. Chee zeeggeeq nee, Yuiqnaiq nee dal jjuq gge miqceef gge xiyuq ddiuq tee, ddeepeil loq bbei me waq; Yuiqnaiq nee dal jjuq gge miqceef gge muggvqjjiqseiqbbei ceeq susuq bbee la, ddeekeeq gol nee dal suq tee bieme tal.Rheeq nef ddiuq gai daho bbelceeq mail teiq jju gge keetvl loq nee dal gaisher lei ddoq tal seiq.

Weilsi gv nee dilqeq dil sai suaq gge Cizail gayuaiq liuq seil, Sima laya jjuq gge nimeitv juq, Heiqduailsai jjuq meegv nee meeq zzuq ceeq nifniq, yicheemeeq juq Ga’ li gulsai, Nvsai nef Yuiqli ggeq nee meeq suasua bbei teiq zeeq, Lailcaijai, Jisajai nef Nvljai yibbiq seekeeq seil aiq gol loq gol nee seehoq ddeelddee bbei yi, nimeitv nee yicheemeeq juq ssaq, yi bbel Tailpiqyaiq nef Yildvlyaiq loq hee. Chee’ loq tee Cizail gayuaiq, Yuiqguil gayuaiq nef Saiqbai gayuaiq cheehu dilzheef baikuai gai zulzu gv waq, jjuqloq sul’ oq nef dilzheef jiqgel fvfzaf ssua, weidvl lol sherq, Diqqil jjuqsuaq nee Sisuai bainaf bbaikol tv, sherqnv yilciai gu’ li dal me nal, qilheldail wa siuq gaigol mai.

Heiqduailsai jjuq chee’ loq tee ddiuq loq nee ssua gge seitail doyailsil nef veiqhual doyailsil bbei jju gge ddiuq waq, Yuiqnaiq dal jjuq gge 15 gol miqceef tee, ddeehe bbei chee ddiuq nee “lifti” bbei teiq zzeeq. Tei’ ee cheecai loq nee jai gge zzi’ qu cheehu gge muggvqjjiq tee, Heiqduailsai jjuq ddeeteel gguq ddeeteel, ddeeweil gguq ddeeweil bbei ddee liuq neeq seil, lahal me nilniq zelddee zo melsee. Bbe seil jjuq suaq gv zzeeq yeel, meecee sherq, meeruq dder zeeggeeq nee, bba’ laq muqgeel chee leiddeeq lei’ lal, bba’ laq keesherq muq, lei sherq, ddvqddv jju gge terq sherq geel, teel gol pvl baq bbeegeel geel, hoqssa geel, pv’ liu tai, yuq’ ee pi. Haniq ceef seil jjuq ddeeteel zzeeq, dolbbeq nee lee zul, muqgeel seil bba’ laq nef lei, ggeq seil bba’ laq ddeeq, ssee’ liu kelke bba’ laq, zailzai bba’ laq cheehu sheelyail jju, muftai seil lei nef zzuqzzu bbeeq gge terq geel, lei seil lobbei gv gol liu’ liuq dder yeel, leilkee sherq, maigvqdvllv sherq, leilkee dder cheehu jju. Liqsee ceef, Nvl ceef, Dvfleq ceef seil Nvljai, Dvfleqjai gge loqgol jjuqdol zzeeq, nimei bbaq kail mai rheeq nee, bbaq ddoq cer, bbaq me ddoq qil, cheezee ggeeqnee teeggeeq gge muggvqjjiqseil nvlmei gv nef ggeeddee qil me zherq gge kaijai nef leimuq leipvl heeq gge bba’ laq muq. Jinol ceef, Wa ceef, Defngaiq ceef, Bvllaiq ceef, Jipo ceef nef Lahul ceef seil cerddiuq zzeeq, teeggeeq nee xul chee’ loq leicer lei rher ddeeddiuq waq, yeel teeggeeq gge bba’ laq ddeemaiq dder, jerberq dder me waf jer me zeel, seil zeel nee me rher. Laqyulko leidder leibaq, muftai seil terq nef lei geel.Wa ceef nef Jinol ceef milquf gge terq ddeemaiq dder, Defngaiq ceef, Bvllaiq ceef, Jipo ceef nef Lahul ceef gge terq ddeemai sherq. Jjuqgv cer’ qil me ddeelddee, teeggeeq gge terq lei’ lal lei gogoq, meekvl herqil daq tal. Naiqxi nef Leibbv seil haibaf 2000 mi ddaq gge jjuqgol bbaikol zzeeq, qil me ssua, muggvqjji ddeemaiq dder, nal nvlmei nef ggeeddee daq gge ligual nef kaijai la jju dder. Acai ceef seil rerddiuq cerddiuq zzeeq, muggvjjiqseil leidder leibbei ggumu gol qelqe gge muq ser.

Heiqduailsai jjuq chee’ loq tee mee neeq lee ddeecher, lei liuq zo me jju chee jjaiq me jju, zzi’ qu cheehu gge muggvqjjiq la xi gguq zul ddeesiuq dal muq chee me waq.Chee' loq nee xiyuq gge zzi' qu cheehu gge bba' laq ddeehual nee ddeehual gol me nilniq, chee la teeggeeq gge zzeeqgv me nilniq, xiyuq me nilniq zeeggeeq waq. "Dddeezherl mee ddeesiuq, ddeejjuq xiyuq me nilniq" "Jjuq zual loq zual muggvq me nilniq" sel sel ddu ye. Jinol ceef zzerq' ee bba' laq jju, Dvfleq ceef peiq jilnv jju, Liqsee ceef jjuqberl gual jju, Defngaiq ceef ggumiq teel' eeq jju, Nvl ceef fvlsseigumuq jju, Dai ceef malyi bba' laq jju, Leibbv tobvl zzaiq ssal jju, Bvllaiq ceef bba' la mai ggeq zeeq jju, Jipo ceef vlssi gumuq jju, Lahu ceef nimei keeq berl jju, Wa ceef heimei gvzee jju, Naqxi ceef shermieq ye' eel jju, Acai ceef saiqtuil ddv terq jju, Pvmi ceef bba' laq keesherq jju, Haniq ceef bba' laq sso terq jil jju, chee ddeehe bbei zzerqbbi loq nee tv, mee neiq lee sel neeq. Me nilniq gge ddiuq, cerqil me nilniq, ggvzzeiq tv me nilniq, bbeidoq yusaq me nilniq nee, zzi' qu muggvqjjiq gol yixai mai, ddiuq gol hohof dder dal me ssaq, seiq bbei ddu gguq la zul dder.

Liqshee gol nee liuf ceeq seil, ebbei sherlbbei cufcuq cheerheeq nee, Di' qai, Befyuif, Befpv chee seelhua chee cheeddiuq nee xiyuq neeq seiq. Teeggeeq jjiq yi gv xul, jjuq teiq toq bbei bbei ceel, chee loq gge zzi' qu coqhual gol lei daho, lei bbiubbiu, holho nolno, cebbeif yiq jji wai jji, ggeq jji muq jji, jjuqgv loqgol nee, yiqbo, cua, citeq, oqherq, leil piel, zujal, yilsuf cheehu zzeeteeq zeizeiq ggvzzeiq nef jiseiq caipi, jjuq pa jjiq jji gguq zul bbei, sseiddiuq da lei hee, xi mei xi ddiuq gge seesiai, veiqhual, jilseef nef xi cheehu chee' loq tv ceeq. Yicheemeeq juq gge citeq veiqhual, Yalze gge xiqdvq ddumuq, miaidiail gge oqherq, seiq jji jjeq gge Naiqfai seeceq zhee lul, caqma gvdal, 20 sheelji gvyuq sie tv gge Diaiyuif tieiqlul, Diaimiai gu' lul (Sheedifwei gu' lul), Daljal, Zailcuaiq mifzu fuqjal, naiqcuaiq sailzolbvl fuqjal, Jidvqjal, Yisee' laiq jal nef gof miqceef nee jju gge zujal nef miqjai silniai, yicheemeeq gge beezee, jaibee, zzerbee, ddvddv jerljer, hualhual, zzerzzer coco cheehu nee, ddiuq cheeddiuq tee qi' qi haihaiq ggv' laq bbei, veiqhual me nilniq gge ssei zaq ddeeddiuq biel seiq.

Sseicerf sseidvq kvl hal gge xiyuq, sherbbei, bberbber, lieqbiail gol, halsherq gge coqhual rheeq nef ddiuq gguq zul bbei miq gvgai, ddeehu seil obbiu yeel sseicerf sseihual bie, ddeehu seil siulsiu kolko, hual nee hual cocoq yeel ddeehual lei bie ceeq, ddeehu seil bberbber, keekogv "tuiqtiaiq", ddeehu seil nail gai nee puq bbel xi me jjuq gge ddiuq da, chee' qu cheecoq sseiq nee ceeq sel bbee jjaiq jjeq seiq. Ebbei sherlbbei gge di' qai cheehual tee Ciq Hail cheerheeq mail bbiubbiu yeel diai, laqcil, Mofmi, qeqdv, (Se), Kuimiq, Ai' laq, Siq, Mosa cheehu bie; Befpv cheehual seil Mipv, Bamai cheehu bie; Befyuif cheehual seil Yuif, Saiq, Liaq, Yi' laiq, Di, Lelwol, Diaiyuif cheehu bie. Mailgguq gge nidvq kvl loq, zzi' qu cohual gozolggee jjijji bbeeq ssua ceeq, miq la biail ddeeq, sheelbbel 20 sheelji liul seifsee zailmiai yu ceef gge bef, Hani (Denaiqyal nef bif gge guefja seil "Aka" "Ga" bbei sel), Naqxi, Jipo (Kefqi), Liqsee, Acai (Oqcai, Daisa), Lahul, Nvl, Dvfleq, Pvmi, Jino; Melgamiaiq yuceef gge Wa (Lawa), Bvllaiq, Dengaiq (Be' leq); Zuaildel yuceef gge Dai (Tail, Saiq) cheehu bbei sel meq. Zzi' qu coqhual cheehu tee, hualsso hualmil jju melsee, miq me nilniq, xulgv me nilniq, ddeehu seil xiyuq me nilniq, geezheeq me nilniq, bba' laq muqgeel lahal me nilniq. Ddeexi siuq hal gge coqhual Yuiqnaiq ddeesei loq xul, sseiqveiq jiguai bbeeq seiqmei me nilniq, chee nvl ddiuq loq bbeeq bbei ddoq gv me zzeeq.

Kagv ddv mai nef tei' ee loq nee jelddiu gol nee liuf ceeq mei, Diaicheeq, Erhai ddiuq kol nef Jisajai (Yibbiq), Lailcaijai ku nee, lvba, so' lo, ko, hee cheehu nee malma gge zul, so' lo goq, zzaiqjjil nee malma gge keeqssalzo, nixi chee zo, kojju bbaiqmai, jilgaibbeiq, gvberl zeiq suafzee, gv' fv zeezo, laqjjuq, quai' quai cheehu zelsu ggvzzeiq ddoq, ebbei sherlbbei xi chee seiqbbei wuduwuq zelsu malma mei seeddv mai tal seiq. Lvba, oqherq, xo' loq cheehu nee zelsu ggvzzeiq bbei seil, sseirheeq sseicherl nee jju seiq, zeiq gge miqceef la bbeeq ssua. Kuimiq Ngai' liq sheel Capvl xai gge yailzeedel si sheeqqil sheeqdail yiqzhee nee, see jji gge haiqperq lv laqjjuq ddoq (keke bbil gge). Ddaddaq gge Bafgai zeil Daltiaicuai si sheeqqil sheeqdail yiqzhee nee la, see bbil kojju gge lvba ddoq. Yaijel bbel ceeq mei, cheezu ggvzzeiq tee Yuiqnaiq Ceiqgul, Guaide nef Guaisi nee ddoq gge kojju lv ggvzzeiq gol nilniq, ddeehe bbei Huaqnaiq si sheeqqil sheeqdail aiqko zzeeq cheekaq gge ggvzzeiq waq yai.

3300 kvl gai gge Caiyuaiq ngaiqhual, xi nef sherkuel sseiddeq ddeebeil teiq hual, teif liuq tv gge tvqsiail gol nee liuq mei, bba' laq me muq gge (ebbei sherlbbei tei' ee loq nee sel mai gge sinaiqyiq loq “losiqmaiq”, “loguef” cheehu) me zeeq seil, muftai chee ddeenisiuq jju: bba’ laq seil vlssi fv gumuq, ggeeddee daqzo, nimai sul bba’ laq cheehu jju, zelsu ggvzzeiq seil vlssi fv nee malma gge, ko nee malma gge, mai nee malma gge, heikvl cheehu jju, “fvxi” nef tee gu’ liu gv ggvzzeiq nef heizeeq gol chee gge ggvzzeiq nee leq seiq. Ggumu berl zeel, pamei siel cheehu la cheerheeq bbei ddu gge waq. Maqlilpo Dalwaiq ngaiqhual gv gge xi pamei gol ssalssa zelsu jji bbei teiq zelddee.

Citeq sheeqdail, Gvdiai waiqguef chee er nef siul tv bbeeq, teeggeeq nee malma gge citeqqil tee beffai gol yiyi ddeeq ssua. Ddv mai gge nef muq cuaiq bbel ceeq gge ergv, er ssee’ liu, ergv sul gge bbaiqmei keelzo, er gge gual ggvzzeiq, er ggaiqtal, er meeltv gu’ liu cheehu gol, eqseeq eqddv gge xi nef lobbei neeq gge ddeebeil teiq ddv, miqceef xof nef sseiqleil xof gol nee sel seil yalji ssua gge tvqsiail veiqbei waq. Citeq sheeqdail lei suq mai jjeq gge “zulsiail miqceef zheel” cheehu gol nee, ngelggeeq tei’ ee loq nee teiq jeldiu gge ebbei sherlbbei tobvl ddaq sher lei ddoq: “Zzi’ qu nee tobvl ddaq, ddeeweil nee sernaq teiq zeeq yi, keeq sernaq gu’ liu gol teiq chee, milqu zheebbi teiq zzeeq bbei tobvl ddaq.” Tobvl ddaq gguq seil, sacher, tobvl yail cheehu kvkvq bbei gge loq la yi. Er gge tobvl ddaq ggvzzeiq la ddeehu muqdiul tv. Tobvl ddaq gge bee chee, dobbaq jeq nef faizheel loq nee la teiq jeldiu, Yuiqnaiq nee dal jjuq gge Nvl, Dvfleq, Wa, Jipo, Lahul, Defngaiq, Bvllaiq, Haniq, Liqsee, Jinol, Acai cheehu miqceef la, cebbei tobvl ddaq neeq melsee. Juzheeffaf tee Hail nee sheelbbel Ci nee eyi gol tv, nilniq teif waq chee, eseel xilcu dder seiq. Citeqqil gol nee me nilniq gge zzi’ qu me nilniq xi gge bba’ laq liuq mai melsee, bba’ laq gol gge zelsul ggvzzeiq nef mailgguq teiq siel gge mee ddeegaiq ddoq. Bba’ laq nef zelsu ggvzzeiq cheehu ddeehu seil ssei fvfzaf, ddeehu seil ssei jaidai, sseicerf sseisiuq jju. Cebbei liuf ceeq mei, Sihail cheerheeq nee, Diaicheeq ddiuqkol gge zzi’ qu muggvqjjiq chee, sseiggv malma ee seiq.

Haizil cheerheeq, “susei dvqdal” sel gge sseeggv ddeekeeq chee Seelcuai, Yuiqnaiq nee denaiqyal, naiqyal tv (mailgguq xi nee sseeggv cheekeeq gol “naiqfai luqsail seeceqlul” bbei sel). Zai Ciai nee Dalxal nee ddoq gge tobvl, meeltv cheehu ggvzzeiq tee, sseeggv cheekeeq loq nee muqdiul tv hee mei waq. Zai Ciai nee me ddoq gge ggvzzeiq la jjaiq ddeebeil jju melsee. Ebbei sherlbbei tei’ ee loq nee jeldiu mei, Diaicheeq, Yecai cheehu ddiuq “lee ga, haiq, xo’ loq, ocuq, oqherq, gee’ qiq, ee, coq, sikeeq, sinoq, bbaqkeel ggvzzeiq cheehu jju. Hoq sel ceesaiq cheesiuqsuq zzee gvl, alyuq nee geezheeq gvl, tee gge sai tobvl ssal xuq tal. Lei juq wuqteq ser ddeesiuq jju, bbalbba sikeeq nifniq ggv, tobvl ddaq bbil perqsal perqsal ggv, teqhuabvl bbei sel, xi shee gol gal, bba’ laq cerl, xi gol qi. Laiqgai, silbvl sel la ddeesiuq jju. Laiqgai gol teeggeeq geezheeq seil nif sel, ddaq bbel ceeq yibo nifniq. Ejuq vlssi mai nee derl gge…….”, “Sikeeq, sinoq, bbaqkeel ggvzzeiq” la tv, “Walcher tobvl zzaiq seil mufmiaiq nee malma. Mufmiaiq bbaq bbaq cheerheeq, oq gge fvnai teiq bie, liulggv beel yi, sikeeq gol sil melsee. Zeiq bbee cheekaq seil, seiqpieq bbei daiq tal, peel me gvl. Xuxuq herherq bbeissal bbil seil tobvl ddaq, lei lal lei bbernerl, ggeqdol seil fvno yi, muqdiuljuq xi nee tobvl cheesiuq ddaq ee ssua gge xi gol ceiqceiq sel, ddeemaiq ee gge seil veiru sel, golyuq me ee gge seil nia’ liq sel”. Baibvl nef gee’ qiq bvl sel gge tobvl nisiuq jju: “Zzi’ qu cheehu baibvl nee zelsu……22 kvl xi zherq yeel ggvzzeiq ga meil hee zherq mei, jiqbeilyi ceiqlvl ddee. Jiqbeil tee zzerq miq waq, bbaq bbaq cheerheeq oq gge fvnai bie, chee nee tobvl ddaq bbil wal cher nee ssal, seil baibvl bie.” “Cheerheeq kaf goq gee’ qiq bvl bul ceeq, bbaq keel gee’ qiq bie, naiq baibvl sel cheesiuq waq”. Sihail Diai ddiuq xi gge er ssee’ liu gol, sikeeq sinoq teiq dail ye mel see. El cheerheeq gge “Diaisseiq” nef “Kuimiq sseiq” sel chee, eyi Yuiqnaiq nee dal jjuq gge miqceef ddeehu gol teiq paipai.

Taiqsul cheerheeq, Habaq, Ggvzzeeq, denaiqyal cheehu veiqhual baikuai gai zulzu gv jjuq gge Yuiqnaiq chee, zzi’ qu coqhual golzolggee jjijji lahal lahal bbeeq. Guyuaiq 829 N (Taiq dalhoq sai niaiq), Diai ddiuq nee ggeq heq ceeq gge Naiqzal guef nee laqlo gvl xi dvqmee hal kvq bbel ceeq, sinaiq miqceef tobvl ddaq lahal lahal ee, cheeddiuq gge miqceef faizheef guyil suipiq sseiddeq bbei ggeq tv tee, chee muq jjaiq yi. Chee dal me ssaq, jilnv ddaq la miqzzeeq: “Sinaiq ddiuq yuq xiq, yuq ee yuq fv bbeeq, ddeeq neeq jil me gua, jilnv pi nee ser. Kaq seil yiqbo bba’ laq gguq nee jilnv pi, bif gge seil bba’ laq me muq bbei pi yeel nvlmei gv muqdiul teiq ddoq. Hoggv’ loq juq gge pvl lei lal lei gogoq, yicheemeeq juq gge pvl see liuq hal sherq, baqnv ddee liuq nef sher hol za yi, gai dief bbel reeq mei, baqnv teif ceiq za ddaq yi melsee. Jilnv sherq ddeepeil dief bbil teiq muq yi, teel gol erq ddeekeeq nee teiq zee yi, sseiggv rhee. Ni' leilggv seil pi, meekvl seil ku, heeqggee meetv me gua teiq za yi, ggvddvq berl zzeeq, ddeeq seiqmei yuqleil gge nee ga, Dalli guef nee malma gge nee ga seiq." Jilnv ddeekual nee gai zef bbil teiq pi yi, teel gol bbegeel teiq zee seil, jjaiq leq melsee. Ni' leilggv seil pi, meekvl seil teiq ku, heeqggee meezzame gua teiq bul, chee gol ggvddvq berl zzeeq, lei ddeeq lei yuqleil gge nee ga, Dalli guef nee malma gge waq.Jilnv ga seil yuqsee naq nee derl.Guyuaiq 9 sheelji mailzherl (Naiqzal zusi erl niaiq, guyuaiq 899 niaiq) ddaq hual gge <Naiqzal zusi hual zuail> (Naiqzal tvq zuail> la sel) chee, muqdiul juq nee ceeq gge veiqhual nef cheeddiuq gge veiqhual gozolggee didi tv nef lei hohof gge sher teiq sel. Muggvqjjiq gol nee liuf ceeq me nilniq gge nvl: muqdiul nee ceeq gge ddaqbaq liaiqhua gumuq xuq tai, hoqssa geel, kuel yi, cheeddiuq xi bba' laq dder kaijai muq, leidder geel (ddeehu seil gaijuq tobvl ddeepeil nee ddee daq dal neeq), ssa me geel, keejjuq laqjjuq zzeeq. Milpeel seil bba' laq sherq muq terq sherq geel, keebbe ddol, teeggeeq nee ddaqbaq gol naq me ssua gge seeceq gv' lvl zherq.Ddaqbaq liaiqhua gumuq xuq lei pvl bbil, gv teiq lei lvllv, seil cheeddaq xi gol me nilniq me ggv seiq.Ddaqbaq gguq sil gge cheeddiuq xi la muqgeel me nilniq seiq.12 sheelji hual gge <Zai Seilwei hualjuail> loq nee teiq hual gge vqreexi, zherqwuq, sui cheehu gge bba' laq seil lahal goqsheel goqyail. Naiqzal, Dalli guef cheerheeq ceel gge Jailcuail sheefzusai aiqko loq Naiqzal kaq nigvl teiq seel, cheerheeq sseiggv heq gge Naiqzal kaq Yil Meqxuiq nef Gef Loqfel waq. Gai cheeko loq gge Yil Meqxuiq gu' liu liaiqhua bbaq welwe gumuq suaq tai (<Maiqsu> loq nee sel gge "teqnaiq" sel cheesiuq), ggumu yuaiqli laqyulko baq gge paqsherq muq. Ddaddaq gge sui chee' laq nef zherqwuq cheehu ddeehu seil gvjuqbal teiq lvllv, ddeehu seil gumuq biaqbia tai, labbaf to' lo mailjuq teiq babaq gge la jjuq, ddee liuq nee miqceef ddiuq suldail. Labbaf to' lo chee gge xi yuqddvq laqseelzo cherl, meeltv xuq dvl, Naiqzal gge cipiq guai waq, tei' ee loq nee jeldiu gge "ciqpiqguai meeltv xuq dvl, suiddeeq haiq bbeegeel geel" sel chee gol hohof.

Yuaiq Miq Ci cheerheeq, miqceef tobvl ddaq gge suipiq gai gol jjaiq lei ee seiq, xuxuq herherq gge tobvl sseicerf sseisiuq jju.Yuaiqdail "haiqkee befyiq", "bbaisa dvq bbeeq, lujjuq bbussei xi", sikeeq nee ddaq gge daiji lei sil lei bbernerl, cai' liail suaq, xiheef nee muq dal me ssaq, lobbei xi la muq, mailjuq seil caqtiq gai bul gge ggvzzeiq bbei melsee. Daiji tee ejuq "de' loqji" sel ddeesiuq jju, mufmiaiq bvl gol nee cheryi keeq nee ddaq, mewaq seil sikeeq nef mufmiaiq cheryi keeq holho ddaq gge yiqbo bvl waq. Yuaiq dail gguq seil, Yuiqnaiq ddeeddiuq nee tv gge tobvl nef cher ssal bbaq keel ggvzzeiq leel jjaiq ddee ni siuq jju, sikeeq nee ddaq gge ggvzzeiq, cher yi gge cher me yi gge, ddaq gogoq gge ddaq jeqje gge, miaiqbvl, mufmiaiq bvl, jjuqberl tobv nef peiq cheehu, yuqsee nee ddaq gge jilnvl, pv' lv cheehu bbei waq. Elcheerheeq gge <Gulzheef tvq> loq la, Yuiqnaiq gof miqceef gge sherkuel ddeehu ddoq tal.

Wuduwuq nee malma, nvl ggv' laq bbei qi' qi haihaiq, nvl xi nee bul ceeq, nvl xi zzerq bbel ceeq me gua, gof miqceef gge muggvqjjiq veiqhual chee, me nilniq gge sseeggv loq nee, sseiddeq ddeebeil gge sher bbei seiq.Gofzu veiqhual nge nee nee gol soq, nee nee nge gol soq, nilniq gge jju, me nilniq gge la jju.Ceiq lei wa siuq me nilniq bbei ssissai gge miqceef veiqhual tee, mee' lee chee gal bbvq nee me tal gge ddeebvlfeil waq. Muggvqjjiq gol nee sel seil, ebbei sherlbbeiw gge coqhual chee mexeq bberbber dder, nvlmei me heiqwe, coq nef hual la ddeekaq ddeesiuq, hual gge miq lerq zo bbeeq, bba' laq muqgeel la ddeeddiuq nee ddeeddiuq gol me nilniq, ddeerheeq nee ddeerheeq gol me nilniq. Ddeehu seil veiqhual gai cocoq gai holho yeel bba' laq muq la xi gguq soq, ddeehu seil hual ggaiq hual bbiubbiu yeel me nilniq bbei muq, ddeehu seil zzeeqgv xulgv me nilniq yeel, ddiuq gol liu' liuq bbei bba' laq muq, ggvzzeiq mil gol liu' liuq bbei bba' laq cer, mewaf seil epvzzee nee seiq bbei sel yel mei seiq bbei cerl. Chee ddee waq nee, muggvqjji ddeehual nee ddeehual gol me nilniq bbe bie seiq. Yicheemeeq ju zzeeq gge zzi' qu coqhual gge fvqsheel veiqhual tee yibbiq jjihoq chee ddee ni keeq nifniq dal waq, ddeeq gge yi, keekee la' laq la yi, cherl nee cherl guguq, eyi cheeni gge kuel ddeeq bie seiq.

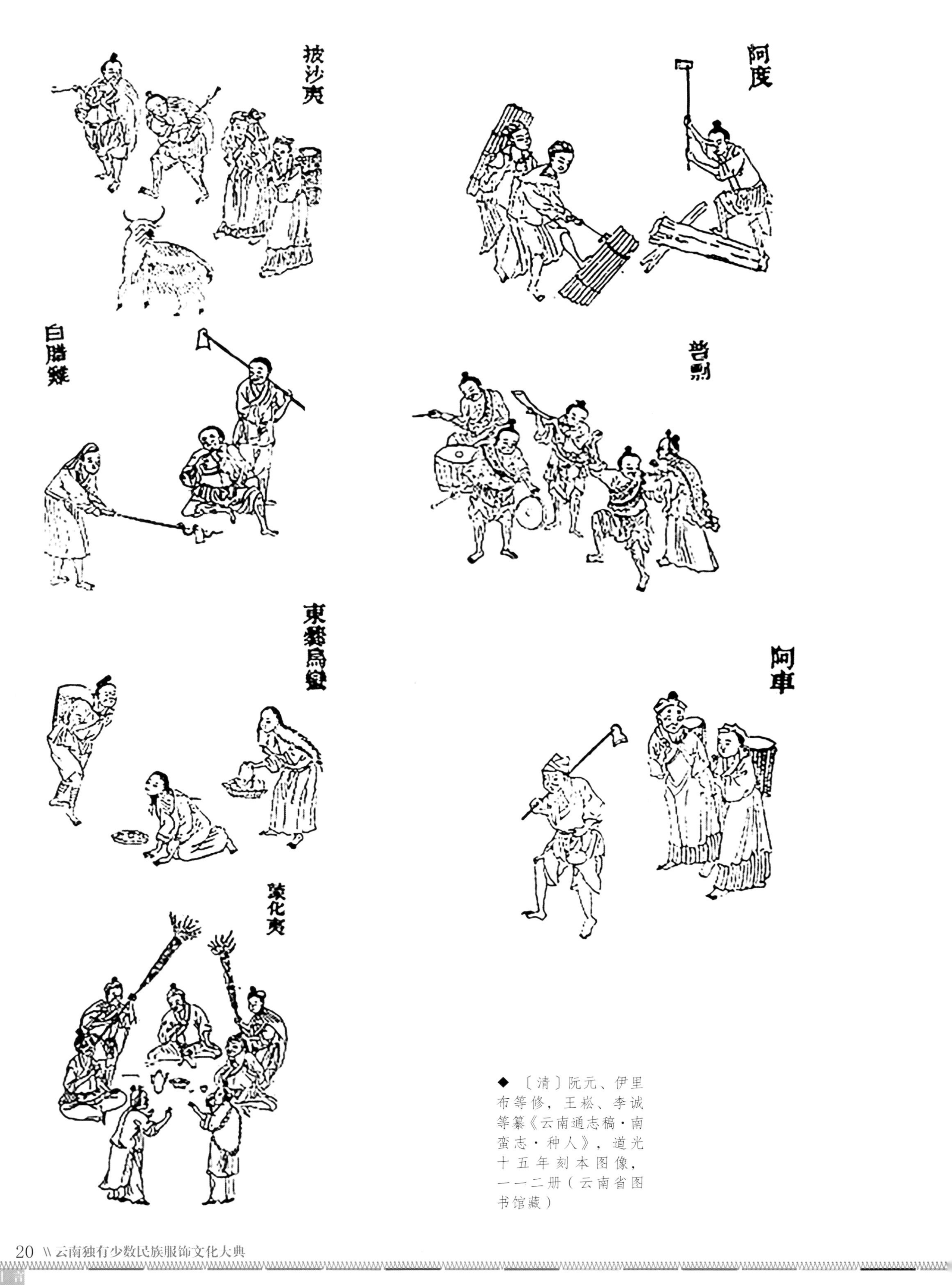

◆〔清〕阮元、伊里布等修，王崧、李诚等纂《云南通志稿·南蛮志·种人》，道光十五年刻本图像，一一二册（云南省图书馆藏）

阿昌族

阿昌族源于古代氐羌族群，自称阿昌、峨昌、蒙撒、衬撒、汉撒、昌撒、傣撒、蒙撒禅。他称阿昌、峨昌、尚。唐代称“寻传蛮”，自元代起称“峨昌”或“阿昌”。阿昌族属于跨境民族，在缅甸八莫一带又叫“傣撒”，意为打刀的人。

阿昌族有大阿昌、小阿昌、昌撒等支系，现有人口4.37万余人（2021年统计数字），主要居住在德宏傣族景颇族自治州的梁河县和陇川县户撒腊撒一带的坝区和山区，并形成梁河和户撒腊撒两种阿昌语方言和服饰差异。阿昌族主营水田和旱地农耕，兼种草烟、甘蔗、水果等经济作物。阿昌族没有文字，俗信鬼神，供奉天地君亲师，信仰南传上座部佛教，以白象为吉祥物。

《蛮书》记载过“寻传蛮”在唐代以前的服式：“寻传蛮……俗无丝绵布帛，披波罗皮（虎皮），跣足，可以践履榛棘。”[①]“自银生城、柘南城、寻传、祁鲜以西，蕃蛮并不养蚕，唯收娑罗树子破其榖，其中白如柳絮。纫为丝，织为方幅，裁之为笼段。男子妇人通服之。”[②]清代《皇清职贡图》述“峨昌蛮”：“男子束发裹头，衣青蓝短衣，披布单；妇女裹头，长衣无襦，胫系花褶而跣足。”

现代阿昌族服式男装大致相似，均为短衣长裤。女装款式因地区而差异较大，其中，比较明显的是梁河型和陇川户撒腊撒型。

①〔唐〕樊绰撰：《云南志》（《蛮书》）卷四。见方国瑜主编：《云南史料丛刊》第2卷。昆明：云南大学出版社，1998年版。

②〔明〕陈文纂修：（景泰）《云南图经志书》卷六。见方国瑜主编：《云南史料丛刊》第6卷，84页。昆明：云南大学出版社，1998年版。

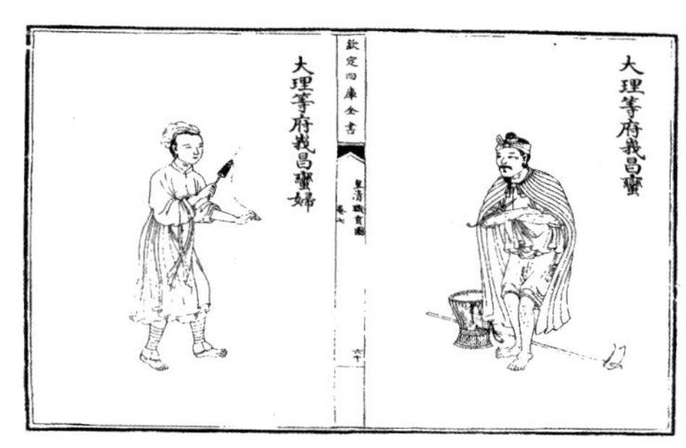

◆〔清〕傅恒等奉敕编:《皇清职贡图》之“峨昌蛮”(见“钦定四库全书荟要”《山海经·皇清职贡图》183—722页，长春：吉林出版集团有限责任公司，2005年版）

Acai ceef

Acai ceef chee ebbei sherlbbei gge Di' qai coqhual gol nee ceeq, wuduwuq seil Acai ceef, Oqcai, Meqsa, Ceilsa, Hailsa, Caisa, Daisa, Mesasaiq bbei sel. Bif xi nee teeggeeq gol Acai ceef, Oqcai, Sail bbei sel. Taiqdail "Xuif cuaiq maiq" bbei sel, Yuaiq dail ddeeggaiq seil Oqcai, Acai bbei sel. Acai ceef tee kualji miqceef waq, Miaidiail gge Bafmof chee loq seil Daisa bbei sel, sseetei malma xi sel yilsee waq.

Acai ceef thee Acai ddeeq, Acai jil, Caisa cheehu hualsso jjuq, xikee 4.37 mee hal jjuq (2021 N tejil sulzeel), zeeyal seil Defhuq Dai ceef Jipo ceef zeelzheelze gge Liaiqhoq xail nef Lecuai xail Hulsa Lafsa gge balqu nef jjuqgv zzeeq, Liaiqhoqnef Hulsa Lafsa gge Acai tee geezheeq nef bba' laq bbei me nilniq. Acai ceef tee lee nef ddaiq zul, yepiel, bbaihoq, zzerqgv zzerqliu dvq. Acai ceef veiqzeel me jju, miqjai seil ceeq nef derq sil, tiaidil jui ci see sul, naiqcuaiq sail zol bvl fvqjal sil, coq perq chee gamei ggvzzeiq waq.

<Maiqsu> loq Xuifcuaiq maiq Taiq dail gai gge bba' laq teiq jelddiu mei: "Xuifcuaiq maiq tee……sikeeq tobvl bba' laq muq me ddu, la ee pi, keebbe ddol, qiderl la tvl bbiu." "Yiqsei zzaiq gguq seil, Naiqceiq, Cuiqcuaiq, nimei ggvq juq Ciqsiai mailgguq malma, Bofmaiq bbvssei me xiq, so' loq zzerq gge bbeel diu ke bbil, kuqjuq rer zzerq peelmal nifniq bbei perq. Sikeeq bbei daiq bbil seil, fai bbei ddaq, terq bbei cerl, sso neiq mil me jju bbei geel.Cidail gge <Huaiqci zheeqgul tv> loq "Oqcai maiq" gol cebbei teiq sel yai: "Ssoquf gv' fv zee gv lvllv, bba' laq bie dder muq, tobvl pi; milquf gvzee zee, bba' laq sher muq, kee gol kvqlvl zee, keebbe ddol." Eyi gge Acai ceef sso bba' laq la ddeemaiq cheesheel dal waq, bba' laq dder lei sher.Milquf bba' laq seil ddeeddiuq nee ddeeddiuq me nilniq, Liaiqhoq nef Lecuai Hulsa Lafsa gge lahal ddeemaiq me nilniq.

◆ 阿昌族大家庭，不同年龄和身份有不同的服式（德宏傣族景颇族自治州梁河县九保阿昌族乡，1935年，勇士衡摄）

男装

男子传统服装以自织棉布缝制的对襟短衣长裤为主。男子以衣服和包头颜色来区别婚否，一般未婚者打白包头，衣服喜白色或浅色；已婚者打藏青色包头，穿自织布做的对襟短衣；老人着黑色。梁河阿昌族纪念远古创世的“窝乐节”中化装舞队的小伙子，在裤腿皆吊挂着两条腿套，上绘一些图符或吉祥符号。这种“腿套”与上古时代的无裆裤形制相似。

◆ 阿昌族男子服装（1894年，H.R.戴维斯摄，见云南美术出版社编：《见证历史的巨变——云南少数民族社会发展纪实》。昆明：云南美术出版社，2004年版）

◆ 阿昌族男子大襟短衣（德宏傣族景颇族自治州陇川县户撒阿昌族乡腊撒村，1937年，江应樑摄。见江应樑摄影，江晓林撰文并补图：《滇西土司区诸族图说》。芒市：德宏民族出版社，2009年版）

◆ 阿昌族男子大襟短衣（普洱市沧源佤族自治县芒卡镇，1935年，勇士衡摄）

◆ 阿昌族老年男子对襟短衣（德宏傣族景颇族自治州梁河县，1998年，邓启耀摄）

◆ 阿昌族男子日常服装（德宏傣族景颇族自治州陇川县，1993年，邓启耀摄）

◆ 阿昌族青年男子对襟短衣长裤（德宏傣族景颇族自治州陇川县，1997年，刘建明摄）

◆ 阿昌族老年男子日常服装，其中，背坐者衣着为比较传统的服式，其他除包头和帽子外，多已汉化（德宏傣族景颇族自治州梁河县，1998年，邓启耀摄）

◆ 阿昌族青年男子盛装（德宏傣族景颇族自治州陇川县户撒阿昌族乡，2009年，刘建明摄）

女装

女子服装主要有三种款式，一种是梁河县阿昌族的高包头（阿昌语叫“吴摆”）窄袖短衣筒裙式，筒裙用自织织锦制作，前面围一短围腰。一种是陇川县腊撒地区阿昌族的宽袖短衣筒裙式。由于和当地民族相邻而居，她们的日常服装，有时和称为“汉傣”的傣族相似，穿浅色窄袖上衣；有时又接近德昂族，穿对襟短衣长筒裙，腰部有类似腰箍的装饰。还有一种为短衣长裤式，主要是未婚姑娘穿服。陇川县未婚姑娘爱穿蓝色、黑色对襟上衣和长裤；梁河县未婚姑娘主要穿浅色对襟上衣和长裤，盘辫，前面围一短围腰，打彩色绑腿，老人打黑色绑腿。

◆ 阿昌族青年女子领口和襟边银饰（黑白照片手工上色）（昆明子雄照相馆摄，1956—1964 年，仝冰雪收藏）

高包头窄袖短衣筒裙式

梁河阿昌族女子婚后打黑色高包头（阿昌语叫“扎尼航”，俗称“圆成”），用布一圈圈地缠起来，如高耸的塔形。上衣叫“扎默”，未婚者色浅，年长则色深。下装依年龄而变；未婚者穿长裤，系围裙；已婚者穿长筒裙，加饰围裙，系花带子，围裙叫毡裙，多用自制的线和土布绣制。据说，古时阿昌族姑娘还不兴扎腰带，衣服松松散散，碍手碍脚，上不得山，撵不得野兽。有位猎人的女儿，为了跟父亲学会打猎的本领，就缝了一条腰带把腰身扎紧，勤学苦练，练得一身好武艺。霜降比赛射箭时，猎人的女儿夺得第一名。姑娘们羡慕她，也学她扎起了腰带。扎时在身前留出一长一短两截，饰以彩色绒球，既紧束腰肢，方便劳作，又飘如彩蝶，十分美观。

◆ 扎高包头，穿短衣筒裙的妇女（德宏傣族景颇族自治州梁河县，约 1958—1965 年，云南民族调查团摄，见云南美术出版社编：《见证历史的巨变——云南少数民族社会发展纪实》。昆明：云南美术出版社，2004 年版）

◆ 阿昌族中老年妇女对襟短衣筒裙（德宏傣族景颇族自治州梁河县，1998 年，邓启耀摄）

◆ 阿昌族少妇对襟短衣筒裙（德宏傣族景颇族自治州梁河县，1998 年，邓启耀摄）

◆ 阿昌族妇女盛装（德宏傣族景颇族自治州梁河县，2006 年，石伟摄）

平包头短衣筒裙式

这款服式主要流行于陇川县，但户撒和腊撒又有所不同。腊撒妇女服装总体为青黑色，打平包头，包头的宽度视婚姻情况而定，未婚三指宽，已婚巴掌宽。上衣为对襟长袖短衣，下装为稍短的筒裙，裙摆至膝下，打绑腿。

◆ 阿昌族女子服装（德宏傣族景颇族自治州陇川县户撒或腊撒，1937 年，江应樑摄。见江应樑摄影，江晓林撰文并补图：《滇西土司区诸族图说》。芒市：德宏民族出版社，2009 年版）

◆ 阿昌族青年妇女盛装（德宏傣族景颇族自治州陇川县，2000 年，刘建明摄）

◆ 阿昌族中老年妇女服装（德宏傣族景颇族自治州陇川县，1993 年，邓启耀摄）

短衣长裤式

短衣长裤一般是未婚少女的服式。少女不包头，将发辫缠于头顶，用红线瓔珞等装饰，穿比较传统的服装，用自织自染的棉布制作，上衣为小翻领长袖对襟衣，下装在长裤外加围裙，系彩色腰带。近年喜用轻薄鲜艳的化纤布料。

◆ 阿昌族少女对襟短衣长裤（德宏傣族景颇族自治州陇川县，1997年，刘建明摄）

◆ 阿昌族少女服装（德宏傣族景颇族自治州梁河县，蒋剑摄）

童装

阿昌族外婆家对男孩的要求，寄托在银质小长刀上；对女孩的希望，则表露在银首饰上。但城里流行的童装，也常常成为父母给孩子的首选。

◆ 阿昌族妇女儿童服装（德宏傣族景颇族自治州梁河县九保阿昌族乡，1935年，勇士衡摄）

◆ 阿昌族小学生服装（德宏傣族景颇族自治州梁河县九保阿昌族乡，1935年，勇士衡摄）

◆ 新款的简易童装（德宏傣族景颇族自治州梁河县，1998年，邓启耀摄）

饰品

古代阿昌族的饰品，方志有所描述："寻传蛮……持弓挟矢，射豪猪，生食其肉，取其两牙，双插顶傍为饰，又条猪皮以系腰，每战斗，即以笼子笼头如兜鍪状。"③"男子顶髻戴竹兜鍪"。④

当代阿昌族男性平时佩饰不多，参加重大节日庆典或喜庆礼仪的时候，也会在包头、胸肩部位装饰彩色绒球，戴项圈和手镯。男子还有一种披巾叫"绡迈"，以布绣制，中间缀着蚂蚱花，多为姑娘送给情郎的定情之物。无论何时，他们的特色佩饰是"阿昌刀"。阿昌刀以德宏傣族景颇族自治州陇川县户撒镇的"户撒刀"最为有名，不仅在滇西十分流行，在西南地区，如果拥有一把漂亮而实用的"户撒刀"，是男子汉值得炫耀的事。

③〔唐〕樊绰撰：《云南志》（《蛮书》）卷四。见方国瑜主编：《云南史料丛刊》第2卷。昆明：云南大学出版社，1998年版。

④〔明〕陈文纂修：（景泰）《云南图经志书》卷六。见方国瑜主编：《云南史料丛刊》第6卷，84页。昆明：云南大学出版社，1998年版。

◆ 佩带阿昌刀的阿昌族小伙子（德宏傣族景颇族自治州陇川县，蒋剑摄）

◆ 阿昌刀远近闻名，很多地方的集市都有卖（德宏傣族景颇族自治州盈江县，1998年，邓启耀摄）

阿昌族妇女的标志性头饰，是高达一二尺的青布高包头（阿昌语称“吴摆”），“吴摆”上披搭的黑色长布条巾（宽约 20cm，长可及腰，下为璎珞，现一般收至帽上），后有流苏，长可达肩，前用鲜花和彩色绒球、璎珞点缀。那黑色长布条巾据说是狗尾。在阿昌族神话传说中，神狗用尾巴为人类带来了五谷种子。阿昌族姑娘结婚时，母亲会亲手缝绣一条花带，为女儿系在高帽“吴摆”上，同时指着花带上的图形告诉她，这是谷子，这是瓜子，这是苞谷……它们都是神狗带来的五谷种子。

关于它的另外一个传说类似于脍炙人口的“孔明借箭”故事。不过，孔明借箭用的是草人，阿昌族妇女借箭用的是自己的高包头。传说，有一次外族入侵，攻势很猛。阿昌族男子奋力抵抗，可是渐渐弹尽粮绝，眼看顶不住了。这时，有一位阿昌族女人冒着危险在阵地上运送石矢，突然，敌方射来一箭，正中她的高包头上。要是别人早吓死了，她却灵机一动，招呼女人们一起上来，在壕沟里猫着腰来来去去，吸引敌人。敌人以为阿昌族得到了增援，急忙大量放箭，刹那间，阿昌族女人的高包头上都插满了箭矢。她们拔下来，交给男人们。有了女人舍身“借”来的武器，阿昌族男人们斗志大增，齐心协力，终于打退了敌人。从此以后，阿昌族女人的高包头，就成了巾帼英雄的象征。

阿昌族女性喜戴金属项圈等装饰品。另外，服饰上的“换手艺”（阿昌话叫“腊撒”）也是阿昌族恋人传情的一种方式：姑娘给追求者送去自制的披巾，如用彩线结个活扣捆好送去，表示心有爱慕之情；如结死扣，表示不愿再来往了。男方若同有爱慕之情，就把自己雕的银簪拴上两朵饰珠的蚂蚱花（或其他银饰），回赠姑娘。

◆ 阿昌族少妇和少女都喜欢用彩色绒球做头饰、胸饰和腰饰，她们的服装款式区别主要在头饰和裙裤上（德宏傣族景颇族自治州梁河县，1998 年，邓启耀摄）

◆ 少女盘辫饰彩色绒球头饰（德宏傣族景颇族自治州梁河县，1998 年，邓启耀摄）

◆ 阿昌族青年女子盛装佩饰（德宏傣族景颇族自治州陇川县户撒镇，2012 年，刘建明摄）

◆ 阿昌族老年妇女耳饰（德宏傣族景颇族自治州陇川县，1993 年，邓启耀摄）

◆ 年轻女子箭垛高包头和胸饰（德宏傣族景颇族自治州梁河县，1998 年 /1997 年 /1997 年，邓启耀 / 刘建明 / 刘建明摄）

白 族

白族自称"白子"白人""白尼""白家""白伙"等。他称有"民家""勒布""勒墨""那马""腊本""阿介""勒季""洛本""洛盖""农比""白特""九姓族"等。史称的"滇僰""叟""西爨""白爨""河蛮""白蛮""和蛮""僰人""民家""下方夷"等，是今天白族的主体。白族主要生活在大理白族自治州和怒江傈僳族自治州、昆明等地，由于白族主体聚居于洱海一带，近水得鱼，过去也被称为"拿鱼人""海也人""苟弥苴"（意为海边居民）等。其实，主要居住在富饶坝区的白族，水稻农耕是其主业。因大理地处几条古道的交汇点，白族还特别善于从事商贸和经营马帮物流；另外，由于南诏国时代从成都引进了很多工匠，大理的木雕、石雕、染织、皮革、冶炼和金属加工等手工业也很发达。体现在服饰上，较为有名的如扎染、刺绣、金属和皮革饰品等。

白族族源争议较大，有土著说、氐羌说、僰人迁来说、汉族支裔说、多族融合说等。现有人口209.15万余人（2021年统计数字），是我国人口上百万的少数民族之一。白族语言属汉藏语系藏缅语族，分大理方言、剑川方言、碧江方言三个方言区，唐宋时借用汉字创制"汉字白读"的古白文（僰文）。白族地区盛行"本主"崇拜，佛教、道教和儒教在他们的精神生活中也占有主要位置。白族的吉祥物为金鸡或凤，故在盛装中也有凤冠之饰。

◆ 唐初梁建方《西洱河风土记》关于大理地区人们服式的记述："男子以毡为帔，女子绝布为裙衫，仍披毡皮之帔，头髻有发，一盘而成，形如髽。男女皆跣。"在剑川石钟山石窟中披毡人石刻像中得到了印证（见李昆声主编：《南诏大理国雕刻绘画艺术》。昆明：云南人民出版社、云南美术出版社，1999年版）

关于白族服饰较为详细的最早记载见于唐初梁建方《西洱河风土记》："男子以毡为帔，女子絁布为裙衫，仍披毡皮之帔，头髻有发，一盘而成，形如髽。男女皆跣。"[1]

①〔唐〕梁建方《西洱河风土记》。转引自李瓒绪、杨应新主编：《白族文化大观》132页，昆明：云南民族出版社，1999年版。

樊绰《蛮书》所述更细："蛮其丈夫一切披毡，其余衣服略与汉同，唯头囊特异耳。南诏以红绫，其余官将皆以皂绫绢。其制度取一幅物，近边撮缝为角，刻木如樗蒲头，实角中，总发于脑后为一髻，即取头囊都包裹头髻上结之……俗皆跣足，虽清平官、大军将亦不以为耻。"② 清傅恒等奉旨编纂的《皇清职贡图》述："白人其先居大理白崖川，即金齿白蛮，部皆僰种……风俗衣食俱仿齐民，有读书应试者，亦有缠头跣足、衣短衣、披羊皮者，又称民家。"③

◆ 大理三月街百姓服式（大理，1922年，约瑟夫·洛克摄，采自美国哈佛大学图书馆网站）

白族服装形制上可分为四至五类：大理型、怒江型、保山型、云龙型、玉溪型。大理、洱源、剑川、鹤庆等地服饰的款式略异，但基本构件一致，是白族服装的代表性款式。其他地方白族因为与其他民族交错而居，受邻近民族影响较多，各有特点。

白族服饰尚白，宋代文献曾述大理国"国王服白毡，正妻服朝霞"④（"朝霞"指天日泛白之时，故亦为白色），也以虎族自命（如白族"勒墨"支，自称"腊扒"，意为虎族）。当地民族也有称白族为虎族的（如彝族称白族为"罗基颇"，意为被融化的虎族；纳西族称白族为"勒布"，意为虎族）。祥云县禾甸一带白族传说：一位白族姑娘梦与虎交，惊醒后身怀有孕，生下一男孩，以虎为姓。孩子成年后化为白虎跑进山林，样子虽可怕，却处处都在保佑白族。据白族学者调查，当地白族自称为虎的后代，自称"劳之劳农"（意为虎儿虎女），在祖祠里画有白虎供奉；建房、器物多雕绘虎头图案，以求吉利；孩子取名多与虎有关，每年三月后要给小孩佩带用碎布缝制的小虎，且戴虎头帽、穿虎头鞋；择日以虎日为吉，择墓以虎形为好，甚至被虎吃了也认为是"成仙"⑤。在其他地区，也有女人与虎婚配生子，成为白族祖先的传说。

在明代，披毡是男装的一个特点，明代《云南图经志书》述："白人……男子披毡椎髻。"⑥ 剑川石钟山石窟第一号石窟龛外左侧壁面，阴刻了一跣足披毡椎髻的男子，似与此相印证。现在披毡已不多见。

关于白族服饰的来历，怒江一带白族又有传说：从前有一个孤女，名叫"咪衣妞"（即想衣裳的姑娘）。她长得很漂亮，但是和乡亲父老一样，都没衣裳穿。她下决心去寻找衣裳，走遍山岭沟箐，寻到百鸟千兽的羽毛和皮，采到千树百花的叶片和花朵，准备用它们来做衣裳。不幸她困倒在归来的路上，死了。她不甘心，四处托梦给那马妇女，教她们缝织衣裳，渐渐白族人才有了服装⑦。

白族服装在外界影响下，也在发生变异，但有些东西是不变的。直到现在，白族男女服饰依然以白色为基调，反衬以黑、红、蓝等色块。

②〔唐〕樊绰撰：《云南志》（《蛮书》）卷八。见方国瑜主编：《云南史料丛刊》第2卷71页。昆明：云南大学出版社，1998年版。

③〔清〕傅恒等奉敕编：《皇清职贡图》，见"钦定四库全书荟要"《山海经·皇清职贡图》183—700页，长春：吉林出版集团有限责任公司，2005年版。

④〔宋〕周去非：《岭外代答》。见方国瑜主编：《云南史料丛刊》第2卷252页。昆明：云南大学出版社，1998年版。

⑤函芳：《白族的虎崇拜》，云南《民族文化》双月刊，1983年第6期。

⑥〔明〕陈文纂修：（景泰）《云南图经志书》卷一。见方国瑜主编：《云南史料丛刊》第6卷。昆明：云南大学出版社，1998年版。

⑦张秀明、李嘉郁：《浅析那马人的服饰》，《怒江》1985年2期。

Bef ceef (Leibbv)

Bef ceef wuduwuq seil "Befzee" "Befsseiq" "Befja" "Befho" cheehu sel. Bif xi nee teeggeeq gol "Miqja" "Leibbv" "Lefmof" "Nalma" "Lafbei" "Ajeil" "Lofbei" "Lofgail" "Neqbi" "Befteif" "Ggv sil ceef" cheehu sel. Ebbei sherlbbei tei'ee loq gge "Diaibof" "Se" "Sicuail" "Beqcuail" "Hoqmaiq" "Befmaiq" "Bofsseiq" "Miqja" "Xalfaiyiq" cheehu tee, eyi Leibbv gge zuti waq. Leibbv chee zeeyal seil Dalli Befceef zeelzheel ze nef Nvljai Liqsee ceef zeelzheel ze, Kuimiq cheehu ddiuq nee xiyuq, Erhai ddaddaq zzeeq xi ddee bbeeq nee, ni lal ni yuq yeel, teeggeeq gol "ni yuq xi" "hai yi xi" "ge miq ju" la sel, heelku zzeeq xi gge yilsee waq. Qiqsheeq seil, balqu zzeeq gge Leibbv chee, lee ga ddaiq gayeel, zeeyal seil xiq dvq meq. Dalli chee ebbei sherlbbei gge sseeggv ddee ni keeq gai aq gv waq yeel, Leibbv tee ggv' laq bbei ee, ssua ddiul ee. Chee dal me ssaq, Naiqzal guef cheerheeq Ceiqdv nee laqlo bbei xi ddeehual kvf ceeq yeel, Dalli gge ser ddv, lv ddv, tobvl ssal, xi nef suq jagu cheehu laqlo la bbei ee. Muggvjji gol liuq seil, siuq cher keel (zafssai), bbaq keel, suq ne xi nee malma gge zelsu ggvzzeiq cheehu nee miqzzeeq.

Leibbv sseiq nee ceeq sel chee sel jjeq. Ddeehu nee sel seil cuq nee chee loq zzeeq, ddeehe nee sel seil Diciai nef Bofsseiq bber bbel ceeq, ddeehu nee sel seil Habaq gol nee ceeq, ddeehu nee sel seil sseicerf sseihual gai holho bbel ceeq zeel. Eyi xikee nvl 209.15 mee hal jjuq (2021 N gge tejil sulzeel), ngelggeeq guefja sseiqke beqwail ggeq lol gge saseel miqceef ddeehual waq. Leibbv geezheeq seil hailzail yuxil zailmiai yuceef loq yi, Dalli faiyaiq, Jailcuai faiyaiq, Bifjai faiyaiq seesiuq faiyaiq bbei bbiu, Taiq Sul cheerheeq Habaq tei' ee ni zeiq bbei "Habaq tei' ee Leibbv nee cu" gge gv befveiq (bofveiq) malma. Leibbv ddiuq "Beizu" sul ddu, Ddabaq, daljal, rujal la teeggeeq gol nee sel yalji gge waq. Leibbv gge jifxaiq vf seil haisheeq aiqperq nef fel waq, chee zeeggeeq nee zelsu ggvzzeiq loq felguail yi.

Leibbv bba' laq sher jeldiu zuil cuq gge seil Taiqcaq gai bbei cheekaq Liaiq Jailfai nee berl gge <Si' er hoq fetv jil> waq: "Sso' quf jilnv pi, milquf cee gge seeceq bba' laq muq nef terq geel, mailgguq jilnv pi, gvzee gv lvllv, sso nef mil bbei keebbe ddol." Faiqcol gge <Maiqsu> loq jeldiu lahal sil: "Teeggeeq gge agaiqssee ddeehe bbei jilnv pi, bif gge seil Habaq gol ddeesiuq ddaq waq, me nilniq gge chee gvzee dal waq. Naiqzalseil ceq xuq zeiq, bif gge suibbei meif seil bbei gge ceq zeiq. Ddee' fvf gge ceqzzee bvl ddeepeil chee, ddaddaq gai zzeq bbel gofzee teiq dee zherq, cupv gu' liu teiq bie bbei malma, gv' fv gu' liu mail kotoq nee ddeedal bbei zee, gvzee mailgguq zee……xi ddeehe bbei keebbe ddol, suibbei meif, muqguaf waq bbee la selddoq bbei me vq." Ci caq gge Fvl Heiq he nee biai gge <Huaiq ci zheeq gul tv> loq nee sel mei: "Leibbv gge epvzzee tee Dalli gge Befyaq cuai seef zzeeq, teeggeeq chee haiqkee keel, Bof sel cheehual xi dal waq…… mugguq zzeeteeq nef bbeidoq ddeehe bbei Ciq caq xi gol biebie, tei' ee soq kasheel ceeq mei jjuq, gvzee zee, keebbe ddol, bba' laq dder muq, yuq' ee pi, teeggeeq gol Miqja la sel."

Leibbv bba' laq ddeehe nee lu wa siuq bbei bbiu tal: Dalli ddeesiuq, Nvljai ddeesiuq, Basai ddeesiuq, Yuiqleq ddeesiuq, Yulsi ddeesiuq. Dalli, Eryuaiq, Jailcuai, Hoqqil cheehu ddiuq gge bba' laq yailsheel esseif ddeemaiq me nilniq, naljibei gge geljail seil nilniq meq. Bbif cheehu ddiuq gge Leibbv seil qiqta miqceef gol holho nolno ddee zzeeq nee, dda' ddaq miqceef nee yixai ddeeq, ddeeweil nee ddeeweil me nilniq.

Leibbv perq muq ser, Suldail gge tei' ee loq nee sel mei, Dalli guef "Kaq jilnv perq muq, ninvq mieq ddoq kuku meecher muq" zeel, mieq ddoq kuku mee perq bie, chee zeeggeeq nee tee la perq muq. Wuduwuq la qu bbei la sel, biruq Leibbv gge "Lefmof" chee hual, wuduwuq "lapaq" bbei sel, la qu gge yilsee waq. Chee ddiuq kol gge miqceef la Leibbvgol laqu sel gge jjuq (Yiqceef nee Leibbv gol "lojipoq" sel, yilsee tee rheeq bbil gge la qu; Naqxi nee "Leibbv" sel, la qu gge yilsee waq). Xaiqyuiq xail Hoqdiail chee loq gge Leibbv gol ce bbei jai ddu: Leibbv mil ddeegvl la gol xul bbei yilmu mai, rherq ggeq no ceeq seil ssuif bul xe, sso ddeegvl jjiuq, la miq zeel. Ssuif cheegvl ddeeq bbil seil la perq ddeemeibiel, zzerqbbi loq jjeq hee seiq. Tee gge sul ddeemaiq xi rer nal, ddeeni bbei Leibbv o' lvq yel bbel jji neeq. Leibbv tei' ee soq xi nee dialcaq bbel ceeq mei, Hoqdiail gge Leibbv wuduwuq lasson lamil waq bbei sel, epvzzee gai la perq teiq hual sul; jjiqceel, ggvzzeiq malma la gu' liu ddv, o' lvq yel zherq; ssuif miq yel la gol golyi, bbuqceekvl salmeitv seil ssuissuif gol tobvl bbiubbiuq nee malma gge la sso cheechee zherq, la gu' liu gumuq tai, la gu' liu ssa geel zherq melsee; nilwa liuq seil la ni nee ga, ggeqdolgv liuq seil la sul dail seil ha seiq, la nee zzeef hee la pv' la bie hee seiq vq.Bif ddeehu ddiuq la mil nef la ddeejjiq bbei, sso jjuq Leibbv gge epvzzee bie sel beezee jju.

Miq dailsso' quf seil jilnv pi ddu, Miq dail gge tei' ee <Yuiqnaiq tvq ji zheel su> loq nee sel mei: "Leibbv…….sso jilnv pi, gv zee." Jailcuai Sheefzusai lvko gaifgai cheeko muqdiul waidaq jjeddvq gv, jilnv pi gv zee keebbel ddol gge sso ddeegvl teiq ddv, tei' ee loq nee berl gol nilniq. Eyi jilnv pi mei jjaiq me jjuq seiq.

Leibbv bba' laq sseiq nee ceeq ko jai seil, Nvljai chee' loq la beezee ddeebee jju: Ebbei sherlbbei, "Miyi nie" (bba' laq seeddv gge mil) sel gge mil ssuissuif ddeegvl jju. Mil yi leq ye nal, bbei gol xi ddeesiuq bbei, bba' laq muq zo me jju. Tee nee nvlmei zeiq bbei bba' laq suq hee, jjuq nef bbuq, loq nef ke bbei jji sei, dvdvq meemee gge vlssi fv nef ceesaiq ee suq bbel ceeq, zzerq nef bbaq chee jju gge piel nef bbaq peel bbel ceeq, bba' laq reeq naiq' vf. Lei wulceeq gge sseeggv loq nee gaq shee seiq. Tee nvlmei me ggeq yeel, Nalma gge milquf yilmu nil, teeggeeq gol bba' laq reeq meil yel, cheegguq seil Leibbv chee esseiqsseiq bba' laq jju seiq.

Leibbv bba' laq muqdiul juq nee yixai mai yeel, gai gol me nilniq seiq, nal ddeehu ggvzzeiq seil biail me tal ye meq. Eyi gol tv mei, Leibbv sso nef mil me jju bbei perq gol naq, xuq, bie mailgguq cher bbei muq ser.

◆〔清〕傅恒等奉敕编:《皇清职贡图》之"白人"(见"钦定四库全书荟要"《山海经·皇清职贡图》183—700页,长春:吉林出版集团有限责任公司,2005年版)

白族男子常见的服装是白或浅蓝布做的对襟上衣，多纽扣，外罩黑领褂或白羊皮领褂；下穿阔管裤，绣花双缨布凉鞋或剪刀口扣襟布底鞋；白色或浅蓝色包头，垂下尺许，遇节日，加八角遮阳（一块八角形绣花帕）于顶部。为显富足，还兴穿多层衣：穿三层而内长外短的叫“三叠水”，衣服穿得层数多的叫“千层荷叶”。也有一些参加洞经音乐会的老人，穿长衫马褂。怒江傈僳族自治州的白族“那马人”男子，喜穿白色麻布长衫。

在洱源县西山区，每个成年后的白族男子都身挎一个绣花荷包，荷包上绣着“双雀登枝”“鸳鸯戏水” 等字样，荷包通常是心上人送的定情物。

短衣长裤式

◆ 穿短衣长裤的“民家”背夫（大理，约20世纪30年代，约瑟夫·洛克摄。见洛克《中国西南的古纳西王国》，刘宗岳等译。昆明：云南美术出版社，1999年版）

◆ 对襟短衣长裤，外加坎肩（大理白族自治州，约1958—1965年，云南民族调查团摄，见云南美术出版社编：《见证历史的巨变——云南少数民族社会发展纪实》。昆明：云南美术出版社，2004年版）

◆ 参加“开海节”演奏乐器的白族男子（大理白族自治州，2010年，邓启耀摄）

◆ 节日里吹唢呐的男青年（大理白族自治州，1993年，刘建明摄）

◆ 参加“三月街”节日活动的白族男子（昆明市，1997 年，邓启耀摄）

◆ 参加大理开海节男扮女装者的装扮（大理白族自治州大理市，2010 年，邓启耀摄）

◆ 白衣白裤白包头，连羊毛坎肩都要白色（大理白族自治州洱源县，2009 年，赵瑜、徐晋燕等摄）

长衣长裤式

◆ 白族男子牛皮长坎肩（大理白族自治州大理市，1935 年，勇士衡摄）

◆ 那马人男性长衣长裤（怒江傈僳族自治州，2008 年，邓启耀摄）

◆ 参加“祭本主”仪式的司乐生，一式长衫马褂。就像服装一样，他们演奏的洞经音乐融合了儒道佛风格，常被用于白族传统祭祀仪式（大理白族自治州，1998 年，周凯模摄）

女装

女装主要由头帕、上衣、领褂、围裙、飘带、宽筒长裤、花头巾、白缨穗等几个部分组成。上衣为蓝、白、雅布（淡蓝）、鸭蛋绿等色布制成的大襟右衽紧袖衬衫，小领或无领搭襟旁扣，外罩大红、紫红、粉红、深绿、深蓝等色丝绒、灯芯绒领褂，系腰带、围腰、垂飘带；飘带上饰有挑花，带端呈扁矛形，带面由宽而窄，与腰头加接处最窄，带端部位皆挑绣蝴蝶；中老年妇女常用黑、蓝色布料，少数用彩绸，较长且宽大。青少年女子喜用白、蓝色，一般用布料较短且窄。下着浅色宽脚裤，穿布凉鞋；头戴绣花、印花布或彩色头帕，左侧垂有红白绒线流苏。一般来说，未婚者编独辫盘于顶，并以鲜艳的红头绳绕在白色的头巾上；已婚者挽发髻，扎染花布做头帕。

服装的状况因地而异，基本风格为清丽明快，形制上云南大理、洱源、剑川、鹤庆、云龙等地服饰的款式略异，但基本构件一致，主要为短衣坎肩长裤型，部分山区白族上衣稍长。滇中地区的白族，服式受彝族影响，出现两叠水式衣；而在怒江地区，受傈僳族服饰影响，被称为那马人的白族也有长衣坎肩或长裙式。

半长衣坎肩长裤式

◆ 背柴到剑川卖的“民家”妇女（大理，约20世纪30年代，约瑟夫·洛克摄。见洛克：《中国西南的古纳西王国》，刘宗岳等译。昆明：云南美术出版社，1999年版）

◆ 几款白族女装（依次为：大理白族自治州洱源县 / 大理市 / 兰坪县 / 喜洲 / 丽江地区九河乡 / 剑川沙溪，约 1958—1965 年，云南民族调查团摄，见云南美术出版社编：《见证历史的巨变——云南少数民族社会发展纪实》。昆明：云南美术出版社，2004 年版）

◆ 祭海神的妇女（大理白族自治州，欧燕生摄）

◆ 印花包头、短衣、坎肩、围腰、长裤、绣花鞋、绣花腰带，加上一对玉手镯，是白族老奶奶的标准行头（大理白族自治州宾川县，2011 年，邓启耀摄）

◆ 靠近纳西族的地方，服装上也可看出影响（如在胸前交叉而系的羊皮披肩），层层相叠的头帕是剑川、洱源一带白族服装的特色（大理白族自治州剑川县，2008 年，徐晋燕摄）

◆ 舞扇的白族中老年妇女（大理白族自治州，2008 年，邓启耀摄）

◆ 洱海代表性款式与山区款式的过渡类型（大理白族自治州剑川县甸南镇狮河村，2010 年，徐晋燕摄）

◆ 昆明西山白族老年妇女服装（昆明市，1997 年，邓启耀摄）

◆ 气温低的山区，上衣和坎肩都较长较厚（怒江傈僳族自治州兰坪白族普米族自治县，2006 年，刘建明摄）

◆ 那马人中老年女性长衣长裤，与当地傈僳族形制相似（怒江傈僳族自治州，2008 年，邓启耀摄）

◆ 白族那马人长衣长裤配麻布长坎肩（怒江傈僳族自治州，2008 年，邓启耀摄）

◆ 洱海代表性款式、山区款式与新款的混杂组合（大理白族自治州剑川县，2010年，赵瑜、徐晋燕等摄）

◆ 高黎贡山区的白族，包黑布大包头，上衣加长变厚，服饰与附近傈僳族有一些相似之处（大理白族自治州保山市隆阳区杨柳乡茶花村委会三眼井自然村，2009年，赵瑜、徐晋燕等摄）

◆ 大包头、长围腰加右襟坎肩（大理白族自治州云龙县关坪乡大甸中村，2009年，赵瑜、徐晋燕等摄）

◆ 多层式头帕是这一带白族服饰的特点（大理白族自治州剑川县金华镇三河村，2009 年，赵瑜、徐晋燕等摄）

◆ 扎系包头的红布，与其他地方的白族显示了同中之异（丽江市古城区金山街道新团社区上存仁村，2009 年，徐晋燕摄）

◆ 老年妇女的头帕用青布扎系，基调沉着（大理白族自治州洱源县凤羽镇凤翔村，2009年，赵瑜、徐晋燕等摄）

◆ 流行色也会风一样来到山乡——和传统服装配搭的灰蓝解放帽和红头巾（怒江傈僳族自治州兰坪白族普米族自治县，2006年，刘建明摄）

短衣坎肩长裤式

◆ 洱海船家（大理白族自治州，2009 年，邓启耀摄）

◆ 以白为贵的装束（大理白族自治州，1988 年，刘建明摄）

◆ 参加三月街节庆活动的白族姑娘（昆明市，1997 年，邓启耀摄）

◆ 和彝族杂居的昆明西山白族，头饰和坎肩也有彝族风味（昆明市，1997 年，邓启耀摄）

◆ 有暗花的围腰（大理白族自治州宾川县，2011 年，邓启耀摄）

◆ 传统式样是黑色的盘盘帽（大理白族自治州鹤庆县，2009 年，徐晋燕摄）

◆ 女子服装款式，融合了当地彝族的一些特点，如黑布大包头、围腰等（楚雄彝族自治州南华县雨露乡，2009年，赵瑜、徐晋燕等摄）

◆ 剑川“石宝山”歌会，传统头帕上戴灰色解放帽穿短衣坎肩围腰长裤的歌手（大理白族自治州剑川县，2002 年，刘建明摄）

◆ 另款“解放帽”（怒江傈僳族自治州兰坪白族普米族自治县，2007 年，刘建明摄）

“两叠水”式

所谓“两叠水”或“三叠水”，是云南彝族、布依族等民族比较流行的服式，即几件衣服叠穿，衣袖由内到外依次变短变宽，显出层层叠加的样式。滇中白族女装的“两叠水”式衣装和头帕，显露了与当地民族融合的痕迹。

◆ 昆明地区白族服式。少女、已婚妇女和老年妇女，服式有所不同，但叠合式上衣较为多见（昆明市西山区，1936 年，勇士衡摄）

◆ 滇中白族女装的“两叠水”式衣装和头帕（玉溪市元江哈尼族彝族傣族自治县因远镇安定村，2009 年，赵瑜、徐晋燕等摄）

◆ 融合了当地彝族服装款式的“两叠水”式“原生”型白族服装与“引入”的大理型白族服装款式的混搭，反映了一种交融与回归的纠结（玉溪市元江哈尼族彝族傣族自治县因远镇安定村，2009 年，赵瑜、徐晋燕等摄）

衣裙型

衣裙在以衣裤为主要形式的白族服饰中属于另类，只在云南省怒江傈僳族自治州被称为“那马人”的一个白族支系的青年女性中穿服，其款式及饰品搭配颇得当地傈僳族服饰的神韵。

◆ 那马人青年女性短衣坎肩长裙（怒江傈僳族自治州，2008年，邓启耀摄）

◆ 融合了当地傈僳族服装款式的“百褶裙”与大理型白族服装款式的混搭，反映了一种交融与回归的纠结（怒江傈僳族自治州兰坪白族普米族自治县金顶镇金凤村，2009年，赵瑜、徐晋燕等摄）

童装

童帽种类十分丰富，最常见的是鱼尾帽，还演变出虎头帽、猫头帽、狮子头帽、兔子头帽、青蛙帽、老鼠帽等多种形式。帽上均有彩绣装饰，常用图案有梅花、菊花等。帽两端缀以圆形银饰，正前上方饰琥珀、玛瑙制成的青蛙、佛像或各种造型的银饰品。有的在头顶两侧装弹簧绣球，在帽尾缀银铃。

怒江白族每当婴儿出世，即在他腰上贴两片羽毛，以此来化一切灾难为福祥。他们将看管幼儿灵魂的任务交给天神。那马人女孩戴燕尾帽，帽中间留有直径两厘米左右的一个圆孔。他们认为，圆孔是小孩灵魂时常出入的必经之路，如果他的灵魂有灾有难，很快被天神透过圆孔发现，会及时为其除灾救难，永保孩童无病无灾地成长[⑧]。

白族在婴儿出世七天后，给他穿的第一件衣服，叫“仪篖彼亦”，意为“穿狗皮衣服”。其实，这衣服并非狗皮所做，而是用粗白布缝制的右衽大襟衣，领口有红布镶边（也有吉利护魂的意思），用丝线拴系。按照老习惯，这衣服缝好以后，先要在狗身上披一披，说是取其暖气，其实是取其“狗气”，一来使孩子命贱如狗（就像给孩子取“狗儿”之类的贱名一样），容易养大；二来在避邪法术的观念中，狗可驱鬼，让孩子衣裳沾点狗味，鬼邪就不敢近身。

⑧张秀明、李嘉郁：《浅析那马人的服饰》,《怒江》1985年第2期。

◆ 白族背儿褙（大理白族自治州，1998年，刘建明摄）

◆ 为女儿花帽绣满祝福的妈妈的手（大理白族自治州，2000年，徐晋燕摄）

◆ 白族鸡冠帽（大理白族自治州，2006 年，刘建明摄）

◆ 白族女孩童装（大理白族自治州，1998 年，刘建明摄）

◆ 捉鱼的白族女孩（大理白族自治州，2009 年，邓启耀摄）

樊绰《蛮书》叙述，南诏大理国时期“白蛮”的饰品，已经有了明确的规范：“羽仪已下及诸动有一切房（疑为“功劳”之误）甄别者，然后得头囊。若子弟及四军罗苴已下，则当额络为一髻，不得戴囊角，当顶撮髽髻，并披毡皮……曹长已下，得系金佉苴（腰带）。或有等第战功褒奖得系者，不限常例。”“妇人一切不施粉黛，以酥泽发。贵者以绫锦为裙襦，其上仍披锦方幅为饰。两股辫其发为髻。髻上及耳，多缀真珠、金、贝、瑟瑟、琥珀。贵家仆女亦有裙衫。常披毡，及以缯帛韬其髻，亦谓之头囊。”⑨

不同聚居区不同年龄女性服装的区别，主要在头帕或帽子式样、围腰长短等。鹤庆一带的妇女戴的帽子像个大圆盘，碧江妇女头戴镶有海贝的小帽，海源姑娘戴镶龙绣凤的凤凰帽，老年妇女则戴多层绣花头帕。洱海东岸妇女则梳“凤点头”的发式，用丝网罩住，或绾以簪子，均用绣花巾或黑布包头。一般而言，白族服装越往南显得越艳丽繁饰，越往北越见素雅简朴。到丽江一带海拔较高较寒冷的坝子居住的白族，衣襟变长，制作加厚，有的还在背上加披羊皮披。

洱源凤羽白族姑娘喜戴凤凰帽（白语叫“蹬吉”，意为头上戴金）。其状似鸡冠，故又叫鸡冠帽，帽后呈鱼尾形，前部用银制凤凰头帽花，中间为月牙形帽罩，两边饰有各种银牌，边角镶龙绣凤，相传源自白王三公主。她因善良美丽，鸟吊山凤凰把凤凰冠送给她做帽子，白族姑娘仿其制而戴之。后来还被赋予了一些为风水上的凤凰脉象助力的意义：传说唐代有个皇帝下乡娶娘娘，路经浪穹诏，发现玄武山（洱源一带）顶，有一道五色彩霞，当空披挂。他们见山有异象，便登山观望，发现山势极不平凡。山顶像武盔二五帽，山腰像展翅欲飞的凤凰，山脚像扬鬃驰骋的天马。唐王暗自思忖：这架玄武山，头像龙盘虎踞，身如彩凤和鸣，尾似神骏奔驰，此乃帝王之地也，趁早毁了它，让此地的乡巴佬永世出不了头。于是，唐王派人挖出了玄武山的凤凰胆，把它碾碎撒了。白节夫人听说这事，十分气愤，说：“挖得山凤苦胆坠，焉能拔得彩凤飞。”她精心制作了一顶凤凰帽戴在头上，以示抗议。百姓为壮“凤凰”之势，便都戴上了凤凰帽⑩。

洱海一带白族还有一种“鱼尾帽”，用黑色或金黄色布仿鱼形制成，鱼头在前，鱼尾后翘，上缀白色的银泡或珠子表示鱼鳞。据说，某些白族妇女的海水蓝上衣，前襟短，后襟长，衣着其尾（这个尾是鱼尾而不是龙尾），袖口和衣襟上缀象征鱼鳞的银泡，在大小袖（亦称假袖）口、围腰等处多绣各种海藻、菱角等水生植物的图案，裤脚边上绣有海水波纹，脚穿船形鞋。

⑨［唐］樊绰撰：《云南志》（《蛮书》）卷八。见方国瑜主编：《云南史料丛刊》第2卷71、72页。昆明：云南大学出版社，1998年版。

⑩董亮伟、赵志高：《白族姑娘的凤凰帽》，《山茶》1985年第4期。

白族妇女常在袖口、围腰、飘带、领褂大襟边、头巾等细部饰以精美的刺绣、挑花、镶滚、扎染等工艺装饰，并佩戴一些饰物，如扭丝镯、扁桃镯、剪链、八仙、帽花、戒指、耳环、三须、五须、针筒、耳勺、牙签、冠针、围腰牌、蝴蝶、龙凤等数十种。而男子在某些节祭活动中，会有各式化妆装束。

◆ 白族姑娘标准服装必须有白色。白族"大本曲"这样描述漂亮的装扮："白白净净白妹妹，脚蹬一双漂白鞋，身穿一件白上衣，白月下相会。"（大理白族自治州，1998、2010年，周凯模、邓启耀摄）

◆ 绒线和刺绣头饰（依次为：丽江、鹤庆、剑川，1993—2010年，邓启耀摄）

◆ 绣花和扎染的头饰（大理白族自治州，2008—2010 年，邓启耀摄）

◆ 圆盘帽上的饰品（大理白族自治州鹤庆县，2009 年，徐晋燕摄）

◆ 绒线头饰（怒江傈僳族自治州兰坪白族普米族自治县，2006 年，刘建明摄）

◆ 头饰和胸饰（怒江傈僳族自治州，2008 年，邓启耀摄）

◆ 各类珠贝是白族那马人传统饰品中不可缺少的元素（怒江傈僳族自治州，2008 年，邓启耀摄）

◆ 白族那马人青年妇女头饰，现代各式徽章兼收并蓄（怒江傈僳族自治州，2008 年，邓启耀摄）

◆ 蓝布头巾配灰色解放帽，是鹤庆等地白族流行多年的头饰（大理白族自治州鹤庆县， 2009 年，徐晋燕摄）

◆ 云龙县白族姑娘的包头和傈僳族神似（大理白族自治州云龙县，夏碧辉摄）

◆ 白族女装（怒江傈僳族自治州兰坪白族普米族自治县，2006 年，刘建明摄）

◆ 昆明西山白族服装（背面）和“鸡冠帽”（昆明市，1997 年，邓启耀摄）

◆ 节祭中白族男子的各式化妆装束（大理白族自治州洱源县，1987 年，李跃波摄）

◆ 参加“绕三灵”节庆活动的长者，用几重绣帕和绒球做头饰（大理白族自治州，1998 年 /2010 年，周凯模 / 邓启耀摄）

◆ 参加“开海节”男扮女装的男子，头饰是阿婆式（大理白族自治州，2010 年，邓启耀摄）

◆ “观音会”上斋奶的佩饰（大理白族自治州，1998 年，邓启耀摄）

◆ 参加“开海节”妇女，墨镜的作用相当于面具（大理白族自治州，2010年，邓启耀摄）

◆ 节祭活动中斋奶的佩饰（大理白族自治州，2010年，徐晋燕摄）

◆ “开海节”上斋奶的佩饰，清一色串珠和绣带挎包（大理白族自治州，2010 年，邓启耀摄）

◆ “开海节”上斋奶祭祀场面（大理白族自治州，2010 年，徐晋燕摄）

布朗族

布朗族是一个古老的民族，其先民在汉籍史书上以“濮”“朴子蛮”“蒲蛮”“朴子”等名称记载。布朗族自称因地区而异，有“布朗”“波朗”“翁拱”“蒲满”“乌”“阿娃”及“本人”等。他称有“蒲满”“濮满”“满”“腊”“布恩”“卡普”等。布朗族过去分布在从丽江往南沿澜沧江的中下游地区，以后逐渐南迁。现主要分布在云南省西双版纳傣族自治州勐海县及临沧市、普洱市的一些山区。人口12.73万人（2021年统计数字），布朗语属南亚语系孟高棉语族布朗语支，无文字，信仰南传上座部佛教，崇拜祖先。吉祥物为三弦琴。

布朗族服装保留了不少古老的服式。披裹式衣和贯头衣即为一种。

据考，唐代滇西布朗族男子“以青娑罗段为通身”，即上身赤裸，下身裹一截青布为裙。“妇人以幅布为裙，贯头而系之。”衣裙不分，从头罩下，这是原始披裹式衣与贯头衣的合一。

明代，布朗族男子也穿起了贯头衣：“蒲蛮，男子以布二幅缝为一衣，中开一孔，从首套下。富者以红黑丝间其缝，贫者以黑白线间之，无襟袖领缘，两臂露出。妇人用红黑线织成一幅为衣，如僧人袈裟之状，搭于右肩，穿过左肋，而扱于胸前。下无裹衣，惟用布一幅，或黑或白，缠蔽其体，腰系海贝，手带铜钏，耳有重环。”[①] 基本服式仍为披裹式衣和贯头衣，只是男女穿服与唐代错了位：女装退而为披裹式，男装进而为贯头式。

清代以来，各地布朗族服装有了较大改变，滇西布朗族“男裹青红布于头，腰系青绿小绦绳，多为贵，贱者则无。衣花套长衣，膝下系黑藤。妇人挽髻脑后，戴青绿珠，以花布围腰为裙，上系海贝十数围，系莎罗于肩上。”[②] 女装仍为“通身”式。滇南布朗族“男穿青蓝布短衣裤，女穿麻布短衣，蓝布筒裙，腰系布带，以水蚌壳钉其上”[③]。服式已与现代布朗族相似。目前的布朗族服式，更是兼容了傣、汉等族及各种流行服装款式，呈现多样的态势。

仅在布朗族身上，我们便可看到一个大致的服饰发展史。

不过，古老的贯头衣，也还在一部分布朗族中流传。如西双版纳布

①〔明〕陈文纂修：（景泰）《云南图经志书》卷四“顺宁府”。见方国瑜主编：《云南史料丛刊》第6卷。昆明：云南大学出版社，1998年版。

②〔清〕康熙《永昌府志》卷二十四《种人》。转引自尤中：《中国西南的古代民族》484页，云南人民出版社，1980年版。

③〔清〕道光《普洱府志》卷十八。转引自尤中：《中国西南的古代民族》491页，云南人民出版社，1980年版。

朗族控格支系，女子上衣就是用 1 米多长的土布双折，中间斜剪两刀成角领，绞以彩线，头从中出，左右略挖一些，缝连在一起，不开襟，贯头而穿。

现代布朗族长期与傣族杂居一地，服饰上互相影响。

◆〔清〕傅恒等奉敕编:《皇清职贡图》之“蒲人”(见“钦定四库全书荟要”《山海经·皇清职贡图》183—704 页，长春：吉林出版集团有限责任公司，2005 年版)

Bvllai ceef

Bvllai ceef tee sseirheeq nee jju gge miqceef ddeegel waq, teeggeeq gge epvzzee Habaq tei’ee loq seil “Pvq” “Pvqzee maiq” “Pvqmaiq” “Pvqzee” sel bbei teiq jeldiu. Bvllai ceef wuduwuq seil ddiuq nee ddiuq me nilniq yeel, “Bvllai” “Bo’lai” “Wegu” “Pvmai” “Wu” “Awaf” “Beisseiq” cheehu sel. Bif xi nee teeggeeq gol “Pvmai” “Pvqmai” “Mai” “Laf” “Bvlngei” “Kapv” cheehu sel. Bvllai ceef gai seil Liljai nee yicheemeeq juq Lailcaijail liulzherl nef muqzherl gge yibbiq ku zzeeq, mailjuq esseiq meeq juq bber. Eyi zeeyal seil Yuiqnaiq sei Sisuai bainaf Daiceef zeelzheelze Mehai xail nef Liqcai, Seemaq gge jjuq gv zzeeq.Xikee 12.73 mee hal jjuq (2021 N teji), Bvllai geezheeq seil naiqyal yuxil melga miaiq yuceef Bvllai yuzhee loq yi, tei’ee zziuq me jju,naiqcuaiq sail zolbvl fvqjal sil, epvzzee la sul.Jifxaiq’vf seil sai xuaiq qiq waq.

Bvllai ceef gge muggvjji ebbei sherlbbei gol jjai biebie ye melseel. Gai teiq pi muq gge bba’laq nef gu’liu tal muq gge bba’laq chee ebbei sherlbbei nee jju gge seiq.

Kazeil bbel ceeq mei, Taiq dail Yuiqnaiq nimei ggv juq gge Bvllai ceef sso’quf tee “Ceqbvl bie nee ggumu daq”, ggeqdol bba’laq me muq, muftai tobvl bie ddeetiu nee terq bbei teiq go. “Milquf seil tobvl ddee’fvf nee terq bbei, gu’liu gv nee muq tal bbil teiq zee yi.” Bba’laq nef terq me bbiubbiu, gu’liu nee muq tai, chee tee ebbei sherlbbei bba’laq pi nef bba’laq tal gai daho gge ddeesiuq waq.

Miq dail, Bvllai ceef sso’qu la gu’liu tal bba’laq muq: “(Pvfmaiq) sso' quf tobvl ni' fvf nee bba' laq reeq, liulggv ddeeko ggaiq bbil, gu' liuq muq tal. Xiheef seil xuq naq gge sikeeq nee reeq, xisif seil keeqnaq keeqperq nee reeq, jerberq nef laqyulko me jju, laqpiq muqdiul teiq ddoq. Milquf seil keeqnaq keeqxuq nee ddee' fvf ddaq bbil bba' laq cerl, ddaqbaq nee muq gge cubba nifniq bbei, yiqlaq kotvq gol teiq daf yi, wai' laq lagol nee gai keel bbel, nvlmei gv nee gai teiq zee. Muftai tobvl naq me waf tobvl perq ddeepeil nee gai ddee daq neeq dal waq, teel gol kobbeiq erq nee teiq zee yi, er nee malma gge laqjjuq zzeeq, heikvl zzeeq." Jibei haiqsheel bba' laq pi nef bba' laq gu' liu tal dal waq, nal sso nef mil gge muq faf chee Taiq dail gol lei gelpv, mil seil bba' laq pi, sso seil gu' liu tal.

Ci dail ddeegaiq, Bvllai ceef gge bba' laq jjai me nilniq seiq, Yuiqnaiq nimei ggvq juq gge Bvllai ceef "Sso yi tobvl xuq nee gv zee, teel gol erq herq zee, xiheef dal waq, yagoq jjeq gge seil me jju. Bba' laq sherq gol nee bba' laq zzaiq muq, maigvq dvllv bbvq nee erqnaq zee. Mil gv' fv gu' liu mail gotoq nee zee, oqssee herq nee zee, huabvl teel heq nee terq bbei, bbaiqmai ceiqliu ddaq nee zee, kotvq gv sa ddeekual zee." Mil bba' laq seil ddee ggumu gge cheesiuq waq. Yuiqnaiq yicheemeeq juq gge Bvllai ceef "Sso tobvlbie gge bba' laq keedder muq, mil peiq bba' laq dder muq, tobvl bie gge terq geel, teel gol tobvl bbegeel zee, tee gol bbaiqmai nee teiq dil." Bba' laq cheezu eyi gol biebie seiq. Bvllai ceef eyi gge bba' laq seil, Daiceef nef Habaq gguq sosoq yeel, sseicerf sseisiuq jju.

Bvllai ceef gol nee dal liuq la, ngelggeeq muggvqjji chee seiqbbei fafzai mei zelddee tal.

Nal ebbei sherlbbei nee jju gge gu' liu tal bba' laq la, Bvllai ceef ddeehu seil teif muq neeq melsee. Sisuai banaf gge Bvllai ceef zheexil Kulgef cheehual seil, mil ggeqdol gge bba' laq tee saicheef hal gge tvbvl nee suaizef bbil, liulggv sieif bbei niggaiq ggaiq, cheryi keeq nee lvl, gu' liu liulggv nee cu, ddaddaq yiqjuq waijuq ddeemaiq mail ggaiq, gai teiq reereeq seil tal seiq, mail me ggaiq, gu' liu tal muq.

Eyi meirheeq Bvllai ceef Daiceef golggee holho zzeeq halsherq yeel, muggvqjji la sosoq mai.

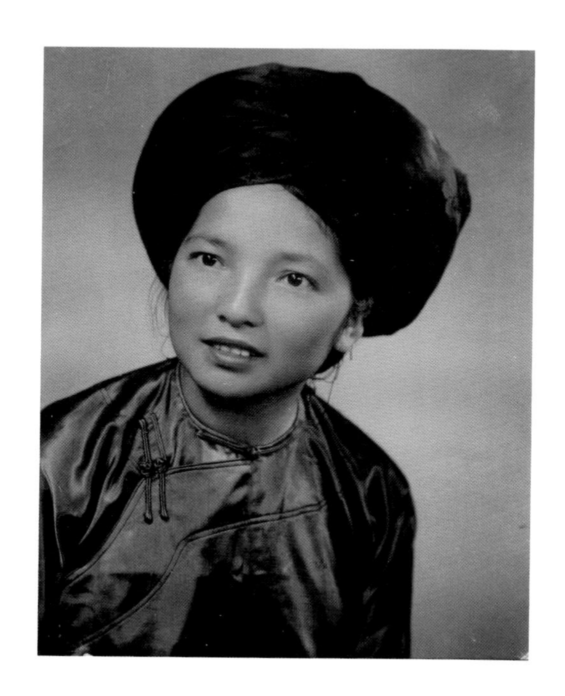

◆ 在 1964 年民族识别工作完成之前，"本人"是布朗族的称谓之一（黑白照片手工上色）（昆明子雄照相馆摄，1956—1964 年，仝冰雪收藏）

◆ 手工捻纺，是布朗族传统服装加工的主要程序之一（临沧市，1990年，邓启耀摄）

◆ 21世纪，古老的腰机织布仍然存活于布朗族村寨（西双版纳傣族自治州，2008年，徐晋燕摄）

◆ 布朗族男女传统服装（西双版纳傣族自治州，2008年，徐晋燕摄）

◆ 像所有传统文化一样，布朗族传统服装也面临挑战（西双版纳傣族自治州，2011 年，徐晋燕摄）

◆ 兼有布朗族传统服装和傣、汉等族及各种流行服装款式的布朗族村寨（西双版纳傣族自治州，2011 年 /1998 年，徐晋燕 / 刘建明摄）

男装

清代《皇清职贡图》述“蒲人”服饰：“男子青布裹头，着青蓝布衣，披毡毦，佩刀，跣足。”[4] 布朗族男子上身着黑色圆领长袖对襟短衫，下着黑色宽裆裤，裤腿短而肥大，也有着长袍的。头缠白色或黑色包头巾。

④〔清〕傅恒等奉敕编：《皇清职贡图》之“蒲人”。见“钦定四库全书荟要”《山海经·皇清职贡图》183—704页，长春：吉林出版集团有限责任公司，2005年版。

◆ 布朗族男装（普洱市澜沧拉祜族自治县，1936年，芮逸夫摄）

◆ 短衣宽裆宽脚裤（西双版纳傣族自治州，约1958—1965年，云南民族调查团摄，见云南美术出版社编：《见证历史的巨变——云南少数民族社会发展纪实》。昆明：云南美术出版社，2004年版）

◆ 布朗族男子对襟短衣宽脚长裤（西双版纳傣族自治州，2008年，徐晋燕摄）

◆ 在黑色衣裙的衬托下，男性长者的白衣白裤白包头显得格外显眼（西双版纳傣族自治州，2008 年，徐晋燕摄）

◆ 对襟短衣白布包头（西双版纳傣族自治州勐海县，2007 年，刘建明摄）

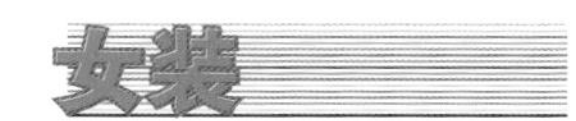

女装

清代《皇清职贡图》述“蒲人”服饰：“妇青布裹头，着花布短衣长裙，跣足。”[5] 现代布朗族长期与傣族杂居一地，服饰上互相影响。西双版纳布朗族妇女上衣形似傣族，亦为窄袖紧腰上衣，但比傣衣稍长，至腰下，左右大衽，对襟或两襟相掩，紧腰宽摆，衣后两边各有一条小布带，供系紧衣服之用。下着双层筒裙，内裙比傣族筒裙稍短，多为浅色。平时在家只穿内裙，出门则套上深色带花饰的外裙。裙子上部织有红、白、黑三色线条，小腿裹缠白色绑腿布，头缠黑色或青色包头巾。

⑤〔清〕傅恒等奉敕编：《皇清职贡图》之“蒲人”。见“钦定四库全书荟要”《山海经·皇清职贡图》183—704 页，长春：吉林出版集团有限责任公司，2005 年版。

短衣筒裙式

◆ 布朗族右襟短衣筒裙女装（普洱市澜沧拉祜族自治县，1936 年，芮逸夫摄）

◆ 布朗族少妇左衽短衣筒裙（西双版纳傣族自治州，1990年，邓启耀摄）

◆ 短衣筒裙（西双版纳傣族自治州勐海县，约 1958—1965 年，云南民族调查团摄，见云南美术出版社编：《见证历史的巨变——云南少数民族社会发展纪实》。昆明：云南美术出版社，2004 年版）

◆ 日常对襟紧身短衣筒裙（西双版纳傣族自治州勐海县，2007年，刘建明摄）

◆ 布朗族妇女日常对襟短衣筒裙（西双版纳傣族自治州，2011年，徐晋燕摄）

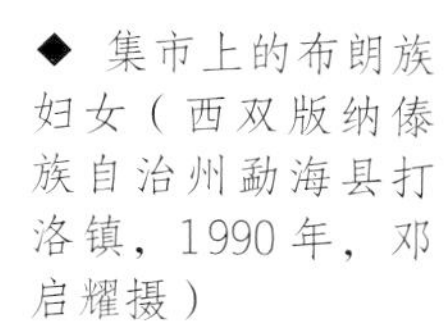

◆ 集市上的布朗族妇女（西双版纳傣族自治州勐海县打洛镇，1990年，邓启耀摄）

◆ 左衽短衣筒裙（西双版纳傣族自治州勐海县，2007年，刘建明摄）

◆ 布朗族人家（西双版纳傣族自治州勐海县，2011年，徐晋燕摄）

◆ 布朗族少女左衽短衣筒裙（西双版纳傣族自治州勐海县，2007 年，刘建明摄）

◆ 布朗族姑娘左衽短衣筒裙（西双版纳傣族自治州勐海县，2008 年，徐晋燕摄）

◆ 布朗族妇女右衽短衣筒裙（西双版纳傣族自治州勐海县，2008 年，徐晋燕摄）

◆ 布朗族妇女右衽短衣筒裙（双江拉祜族佤族布朗族傣族自治县，1984 年，田正清摄）

◆ 右衽短衣筒裙（双江拉祜族佤族布朗族傣族自治县，2006 年，石伟摄）

◆ 布朗族少女坎肩筒裙（西双版纳傣族自治州勐海县，2007 年，刘建明摄）

◆ 布朗族少女坎肩筒裙（西双版纳傣族自治州勐海县，1988 年，陈安定摄）

◆ 布朗族少女短衣筒裙（西双版纳傣族自治州勐海县，2011 年，徐晋燕摄）

◆ 穿便装的布朗族妇女（西双版纳傣族自治州勐海县，2011 年，徐晋燕摄）

◆ 右衽短衣筒裙（双江拉祜族佤族布朗族傣族自治县，2004 年，刘建明摄）

衣裤式

◆ 对襟坎肩上衣和长裤（保山市施甸县，2008 年，刘建明摄）

童装

布朗族童装大致也是传统服装的缩小版，但比起色调沉着的成人服装而言，更为轻柔适体，颜色也艳丽得多。妈妈给娃娃缝件衣服，要费很多时间，娃娃成长的速度，常常让妈妈们忙不过来。

布朗族女孩长到十二三岁，父母、姐姐便教她梳妆，为她戴上银牌、银铃、银耳饰及各种饰物。男孩长到十四五岁，则为其准备一个袋子、一条毡子和一个装有槟榔、草烟等物的金属盒。

近年来，市面的机制棉纺绒布童装，款式多样，颜色鲜艳，价钱也便宜很多，因而，除了特殊场合，布朗族村寨的孩子们服装越来越“城市化”了。

◆ 布朗族童装和女装（普洱市澜沧拉祜族自治县，1936 年，勇士衡摄）

◆ 布朗族童装（西双版纳傣族自治州勐海县，2008 年，徐晋燕摄）

◆ 布朗族母女（西双版纳傣族自治州，1990 年，邓启耀摄）

◆ 对襟坎肩上衣和长裤（保山市施甸县，2008 年，刘建明摄）

饰品

生活在热带雨林中的布朗族，多以鲜花鸟羽为饰，珠贝藤竹也常入饰。古代方志记述：元代“蒲蛮……头插雉尾，驰突如飞”[⑥]。明代“蒲人，青红布裹头，项以青绿小珠贯而系之，多者为贵，无则为贱也。下穿花裩，身挂花套长衣，膝下系黑藤数遭，妇人绾髻于脑后，项带青绿珠，以花布围腰为裙，上系海贝带十数围，以莎罗布系肩上为盛服，赤脚而行”[⑦]。“蒲人……形质纯黑，椎髻跣足，套头短衣，手带铜镯，耳环铜圈，带刀弩，长牌饰以丝漆，上插孔雀尾。妇女簪用骨，以丝枲织袈裟短裳，缘以彩色。”[⑧]以武器为“饰”，亦成为古代布朗族男子与身相随的一种特色“饰品”：“蒲蛮……性勇健，髻插弩箭，兵不离身，以采猎为务。骑不用鞍，跣足，驰走如飞。”[⑨]

布朗族女子喜簪花，林中花卉是她们取之不尽的饰品。为了插满头的花永不凋谢，喜欢时尚的布朗族姑娘，现在也开始流行使用鲜艳耐用的塑料花。

西双版纳布朗族妇女的头簪，簪头品字排列成三个螺尾形嵌饰，传说古时有一少女因拾得一有三个尾部的螺壳，簪于头上，容颜一日三变，美貌绝伦，后人因而仿之。

耳塞，是布朗族一种奇异的装饰，在耳垂不足方寸的地方，塞上大如拇指的小铜鼓形银筒耳塞，为此而将耳垂拉得很长。布朗族谈恋爱的时候，如果姑娘送了情郎挎包，小伙就会回赠彩色料珠项链，并取下姑娘的彩色木耳塞，换上银筒耳塞。

布朗族藤箍是把葛藤劈成细条，髹黑漆，套在手臂上为饰，箍于腿膝助行，类似绑腿。

⑥〔元〕李京撰：《云南志略·诸夷风俗》（涵芬楼本《说郛》卷三六）。参见方国瑜主编：《云南史料丛刊》第3卷。昆明：云南大学出版社，1998年版。

⑦〔明〕李思聪撰《百夷传》。见江应樑校注《百夷传校注》附录一，151页。云南人民出版社，1980年版。

⑧〔明〕刘文征撰《天启滇志》卷三十。见方国瑜主编：《云南史料丛刊》第7卷。昆明：云南大学出版社，1998年版。

⑨〔明〕陈文纂修：（景泰）《云南图经志书》卷六。见方国瑜主编：《云南史料丛刊》第6卷，84页。昆明：云南大学出版社，1998年版。

◆ 鲜花插满头的少女（西双版纳傣族自治州，约1958—1965年，云南民族调查团摄，见云南美术出版社编：《见证历史的巨变——云南少数民族社会发展纪实》。昆明：云南美术出版社，2004年版）

◆ 布朗族三尾螺头饰（西双版纳傣族自治州勐海县，2000 年，邓启耀摄）

◆ 绒线头饰、金属耳饰和衣领装饰（保山市施甸县，2008 年，刘建明摄）

◆ 金属头饰（双江拉祜族佤族布朗族傣族自治县，2004 年，刘建明摄）

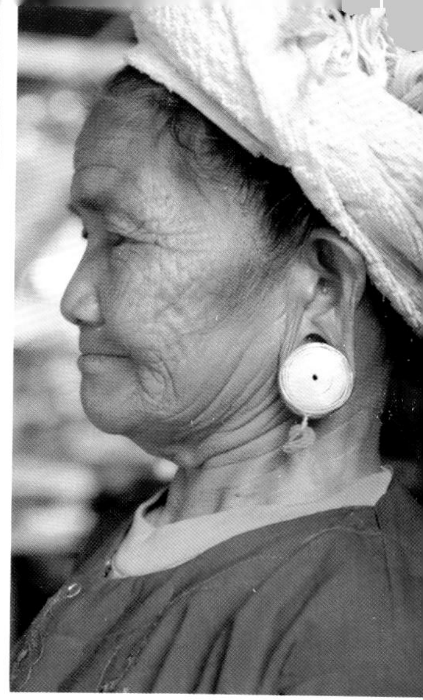

◆ 金属耳塞（普洱市澜沧拉祜族自治县，2011 年，刘建明摄）

◆ 绒线耳饰和花卉头饰（西双版纳傣族自治州勐海县，2008 年，徐晋燕摄）

◆ 绒球和鼓形耳饰（西双版纳傣族自治州勐海县，2008 年，徐晋燕摄）

◆ 长寿老人的绒线耳饰（普洱市澜沧拉祜族自治县，2009 年，李剑锋摄）

◆ 花卉头饰（西双版纳傣族自治州勐海县，2008 年，徐晋燕摄）

◆ 新款花卉头饰、指饰和织锦挎包（云南省，1988 年，刘建明摄）

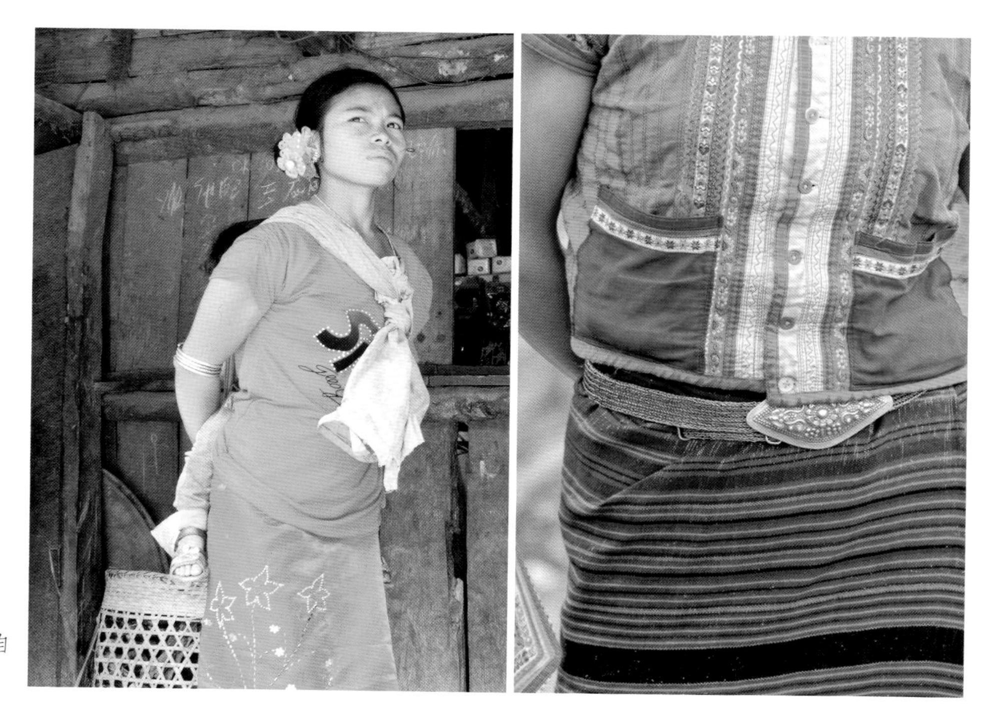

◆ 臂箍和腰饰（西双版纳傣族自治州勐海县，2008 年，徐晋燕摄）

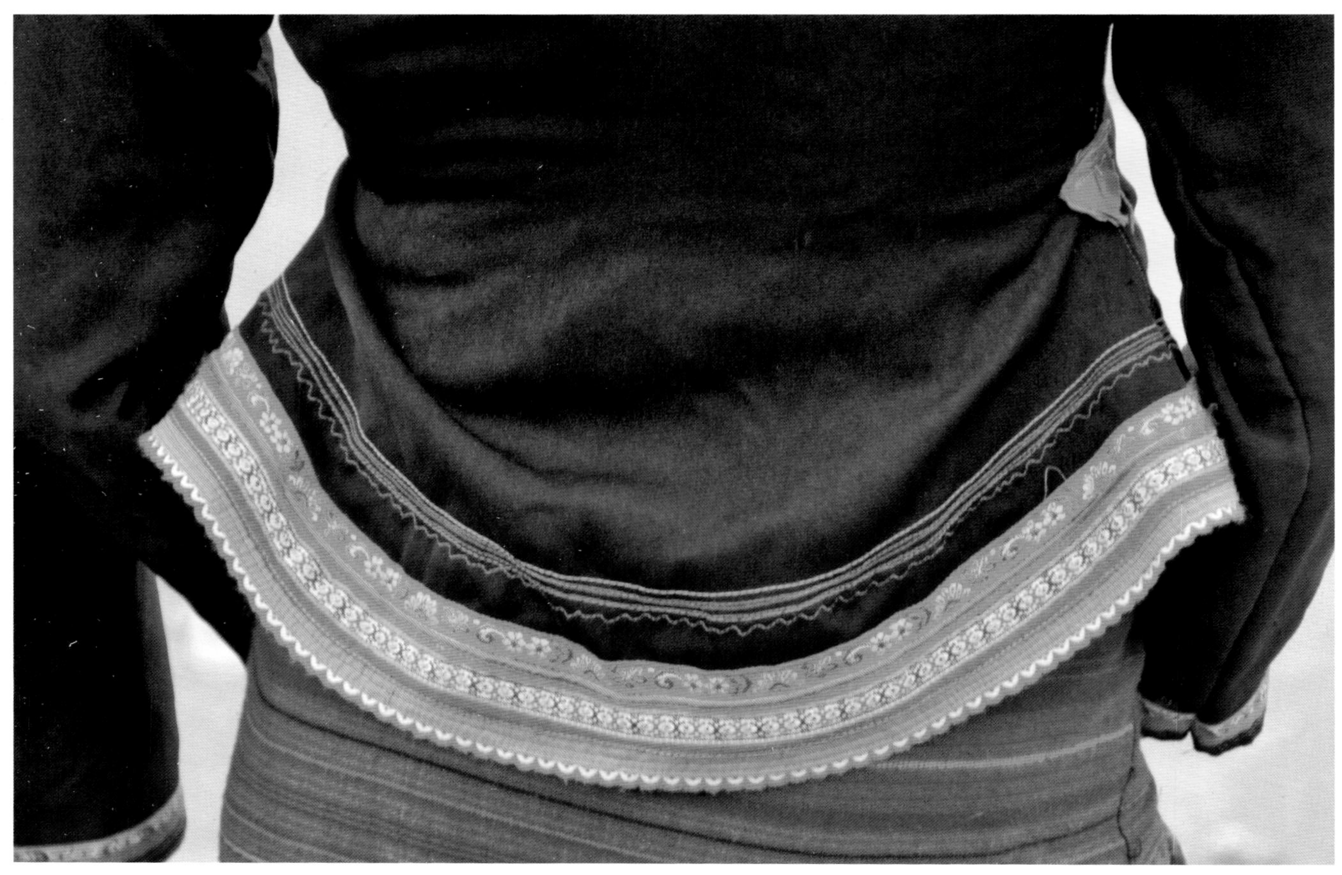

◆ 翘角绣饰的上衣下摆（西双版纳傣族自治州勐海县，2008 年，徐晋燕摄）

◆ 布朗族挎包（西双版纳傣族自治州勐海县，2008 年，徐晋燕摄）

傣 族

傣族，古代文献里称为“滇越”“掸”“黑齿蛮”“金齿蛮”“银齿蛮”“绣脚蛮”“百夷”“摆夷”或“水摆夷”“僰夷”“僰彝”等。自称有“傣泐”“傣那”“傣绷”“傣雅”等，他称较多，如“花腰傣”“白傣”“黑傣”“普洱傣”“金沙江傣”“水傣”“旱傣”或“汉傣”“莽人”[①]等，大致以服色、式样或居地特征称呼。傣族是跨境国度最多的民族之一，中国傣族约有 132.99 万余人（2021 年统计数字），主要居住在滇南、滇西及滇中炎热坝区和广西部分地区，泰国的泐人、缅甸的掸族、越南的傣族和卢族、老挝的泰族和泐族等与傣族均为同源，他们共同建设了富饶的家园。傣族有自己的文字，傣语属汉藏语系壮侗语族壮傣语支。吉祥物为孔雀，他们的衣装，也如孔雀开屏，展现了热带梦幻一般的色彩。

傣族的服装和饰品和他们的地理位置和传统文化息息相关。傣族大多生活在热带雨林和河谷地带，植被丰富。民间传说里，傣族最初的筒裙，就是采集了森林中的树皮树叶制成的，所以到现在还保留了层层相叠的意象。而用构树、箭毒树皮做树皮衣、垫褥等日用生活品，也是傣族沿袭已久的传统。还有一些特殊的衣料，如树棉“（莎罗树）出金齿及元江地面。……破其壳，中如柳绵，纺为线，白氎、兜罗锦皆此为之。”[②]“五色斑布，以丝布古贝木（即木棉）所作。此木熟时，状如鹅毳，中有核如珠珣，细过丝棉。人将用之，但纺不绩，任意小抽牵引，无有断绝。欲成斑布则染之五色。织以为布，弱软厚致，上毳毛，外徼人以斑布文最烦缛多巧者，名曰城城；其次小粗者，名曰文辱；又次粗者，名曰乌驎。”[③]由于树棉之絮较难织绩，多用来做枕芯或棉絮。如能织成布则“文如绫锦”，可为“白叠花布”，亦可为“素地红花”或“五色斑布”[④]。因质地特异，故为内地所奇。傣锦的另一品种叫“兜罗锦”，是用木棉布为底加彩线排绣或丝与木棉彩线兼织花纹的锦布。

清《皇清职贡图》记述的“僰夷”服饰为：“男子青布裹头，簪花饰以五色线，编竹丝为帽，青蓝布衣，白布缠胫，恒持巾帨。妇盘发于首，裹以色帛，系彩线分垂之，耳缀银环，着红绿衣裙，以小合包二三枚，各

① “莽人”或为今“芒人”，未定族属。民族史学家尤中认为：“‘莽人’‘莽子’的生活习俗与‘摆夷’同……虽与‘摆夷’同族而仍有所区别。”（尤中：《中国西南的古代民族》388—389 页，云南人民出版社，1980 年版）故暂列于此。

②《永乐大典》卷一四五三六引。

③〔宋〕李昉撰：《太平御览》（影印本）卷八二〇引《南州异物志》，北京：中华书局，1985 年版。

④ 参见前注及《后汉书》《宋史·蛮夷列传》等。

储白金于内，时时携之。”“莽人”服饰为：“男子束发，戴黑漆帽，裹幅布于身，跣足；妇人挽髻，窄袖短衣，缘边桶裙。”[⑤]男子服式似有披裹式衣之遗风。

已有地方志注意到不同地区傣族的服饰区别：黑齿蛮、金齿蛮、银齿蛮等，“以青布为通身袴，又斜披青布条。”[⑥]“绣脚蛮则于踝上腓下，周匝刻其肤为文彩。”[⑦]“僰彝…… 男女皆刺花样眉目间以为饰。老挝、车里亦如之，车里额上增刺一旗。”[⑧]“僰夷……妇人白帨束发，缠叠如仰螺。”[⑨]“摆夷……旱种（旱傣）喜山居，发髻高耸，复以青帕，系以银钩……水种（水傣）居水边，种棉花、甘蔗，高髻顶帕，领袖俱镶以红色，裙用五色布，缝成大幅，自腰下横而围之……”[⑩]“僰彝（夷）……喜浴，女衣齐腰，下穿桶裙，以宽带缠腰。”[⑪]即为今傣族筒裙的前身。特别是那些腰身较高，以致齐乳或遮乳的筒裙，可能也是远古披套式服向下衍化或服制化的结果。傣族的筒裙，一般都长及脚背，束于乳下，色彩鲜亮，质地柔软单薄，恰到好处地显露了傣女娇柔苗条的体态。

云南省博物馆藏的几幅清代无名氏风俗画轴，表现了傣族骑象、沐浴等民族风情，也描绘了当时这些少数民族的服饰情况。骑象者椎髻、戴笠、身刺花纹，有的袒裸，有的着短衣短裤，沐浴者或裸，或着彩色筒裙，或以青布缠头，或戴草笠、尖头笠。

在傣族地区，老老少少也喜欢穿丫形结绳的拖鞋。过去常用大竹砍成两半，削平凸面，烙眼穿绳，即为简易拖鞋（竹屐）。现在，一般都改穿塑料拖鞋，竹屐只有少数老人还在穿用。

⑤〔清〕傅恒等奉敕编：《皇清职贡图》。见“钦定四库全书荟要”《山海经・皇清职贡图》183—699、714 页，长春：吉林出版集团有限责任公司，2005 年版。

⑥〔唐〕樊绰撰：《云南志》（《蛮书》）卷四。见方国瑜主编：《云南史料丛刊》第 2 卷。昆明：云南大学出版社，1998 年版。

⑦〔唐〕樊绰撰：《云南志》（《蛮书》）。见方国瑜主编：《云南史料丛刊》第 2 卷，42 页。昆明：云南大学出版社，1998 年版。

⑧〔清〕罗伦修：《永昌府志》卷二十四。

⑨〔清〕汤大宾修（乾隆）：《开化府志》卷九。

⑩张自明（民国）《马关县志》卷二。

⑪吴兰孙纂修：《景东直隶厅志》卷三十五。

Daiceef

Daiceef gol ebbei sherlbbei gge tei’ee loq seil “Diaiyuil” “Saiq” “Hefchee maiq” “Jichee maiq” “Yiqchee maiq” “Siejof maiq” “Befyiq” “Baiyiq” “Suibai yiq” “bofyiq” cheehu bbei sel. Wuduwuq seil “Dai’lef” “Dainal” “Daibe” “Daiya” cheehu sel, bifxi nee sel gge miq bbeeq ssua, “Huaya dai” “Befdai” “Hefdai” “Pv’er dai” “Jisajai dai” “Sui dai” “Hail dai” “Maiqsseiq” cheehu jju, teeggeeq bba’laq gge ssalcher, sheelyail nef xulgv gol nee miq zeel. Daiceef tee me nilniq gge guefja loq zzeeq, Zuguef gge Daiceef 132.99 mee hal jjuq (2021 N tejil), zeeyal seil diainaiq, diaisi nef diaizu gge cer ssua balqu nef Guaisi zzeeq, Tailguef gge Lefsseiq, Miaidiail gge Saiqceef, Yuifnaiq gge Daiceef nef Luqceef, La' o gge Tailceef nef Lefceef cheehe ddeehe bbei Daiceef gol ceeqgv nilniq. Teeggeeq ddeedi bbei wumei wuddiuq sseizaq bbei teiq malma. Daiceef wuduwuq gge tei' ee jju, geezheeq seil hailzail yuxil zuaildel yuceef zuaildai yuzhee loq yi. Jifxaiq' vf seil geeciuq waq, teeggee gge bba' laq la geeciuq maikail nifniq, cerddiuq chersiuq cherzeil ssissai chee teiq ddoq.

Daiceef gge muggvqjji chee teeggeeq gge xulgv nef bbeidoq yusaq gol teiq jerjerq. Daiceef cerddiuq rerddiuq zzeeq mei bbeeq, herherq nono bbeeq. Daiceef cuq cheerheeq gge terq chee, zzerqbbi loq gge zzerq' ee zzerqpiel nee malma meq sel ddu, chee zeeggeeq nee eyi gol tv bbei eq zailzai bie. Ner' erq nef waiddai zzerq ee nee bba' laq, kuzo cheehu malma ddu la halsherq seiq. Ejuq xi gol me nilniq gge tobvl ddeehu jju, biruq sulmiaiq "Sa' loq zzer tee Jichee nef Yuaijai ddiuq zzeeq. ……Gvl ke bbil, kuqjuq rerbbaq nifniq, keeq bbiq, befmaq, de' loq sel gge yiqbo bvl tee chee nee ddaq gge waq." "Walcher tobvl zzaiq seil mufmiaiq nee malma. Zzerq cheesiu mil cheerheeq, oqgge fvnai teiq bie, liulggv beel ddee' liu yi, sikeeq gol sil melsee. Zeiq bbee cheekaq seil, seiqpieq bbei daiq tal, peel me gvl. Xuxuq herherq bbei ssal bbil seil baibvl bie. Tobvl ddaq meilei lal lei bbernerl, ggeqdol seil fvno yi, muqdiuljuq xi nee tobvl cheesiuq ddaq ee ssua gge xi gol ceiqceiq sel, ddeemaiq ee gge seil veiru sel, golyuq me ee gge seil nia' liq sel". Zzerq cheesiuq gge miaiq tobvl ddaq jjeq yeeol, gueggee loq keel nef miaiqsiul malma bbeeq. Tobvl ddaq bie seil "yiqbo teiq bie", "befdif huabvl" bbei tal, "suldil bbaqxuq" bbei tal, "walcher baibvl" la bbei tal. Zheeqdil tee xi gol ddee me nilniq nee, nuildil xi nee ddoq me ji bbei liuq. Daiji ejuq "de' loqji" sel ddeesiuq jju, mufmiaiq bvl gol nee cher yi keeq mailgguq keel ddaq, me waq seil keeq nisiuq daho ddaq bbel ceeq.

Cicaq gge <Huaiqci zheeqgul tvq> nee "Bofyiq" gge muggvjji jeldiu mei: "Ssoquf tobvl bie nee gv zee, gv' fv bifzo gol walcher keeq lvl, meel gumuq tai, tobvl bie bba' laq muq, tobvl perq kvqlvl kee gol zee, laqseelzo cherl. Milquf seil gv' fv teiq zeezee bbil cheryi ceqzee nee lvl, doso muq cheechee, heikvl zzeeq, bba' laq nef terq xuxuq herherq gge muq, ngvq perq keel gge hofzee sso ni' liu seelliu ddeeni bbei bul bbel jji." "Maiqsseiq" gge muggvqjji seil: "Sso' quf gv' fv zee, naqkul gumuq tai, tobvl nee ggumu go, keebbe ddol; Milquf gvzee zee, laqyulko ceeq gge bba' laq kee dder muq, biaibiai teiq liu gge terq geel." Sso bba' laq seil gai gge pi ddu chee bie yai.

Dilfaizheel ddeehu loq zzeeqddiuq me nilniq gge Daiceef muggvqjjiq me nilniq chee zelddee seiq: Hefchee maiq, Jichee maiq, Yiqchee maiq cheehu, "Ddee ggumu bbei tobvl bie muq, tobvl bie ddeebbaq sieif bbei pi." "Sieljof maiq seil keezherl nef ddaibbaiq golggee cheezherl gol cher nee teiq siel." "Bofyiqj" seil …… sso nef mil bbei miezeeqfv golzolggee bbaq keel. Lawo, Ce' li la cisiq waq, Ce' li seil dolmu gol tei' qiq ddee' qiq mailgguq keel." "Bofyiq……mil tobvl perq nee gvzee gv lvllv." "Bbaiyi……Haildai jjuqgv zzeeq ser, gv' fv suafsuaq bbei zee, tobvl bie mailgguq zee, ngvq gge jerq nee zee……Suidai jjiku zzee, miaiqhua nef lahoq bbaizherl dvq, gvzee suaq bbei zee, bba' laq jer nef laqyulko xuq nee xai, terq seil walcher tobvl zeiq, fvf ddeeq bbei reeq, teel muftai nee leidderqq bbei heq……" "Bofyiq……Ggumu chercher ser, mil bba' laq teel kee tv, muftai terq geel, bbegeel baq nee teel zee." Eyi Daiceef gge terq chee tee gol nee ceeq mei waq. Teel ggeqdol tv, alboq kee tv, alboq galga mai gge terq chee, ebbei sherlbbei gu' liu tal nef pi gge bba' laq gol nee ceeq keel zo waq. Daiceef gge terq sherqnv kee ggeeddee gol tv, alboq muftai nee zee, leibbei leibbernerl, eqhof eqhof bbei ssei leq bbei mil gge ggumu muqdiul ddoq.

Yuiqnaiq sei bof' vfguai Cidail miq me see gge xi nee hual gge zai ddee ni peil jju, Daiceef nee coq zzai, ggumu cher cheehu sher teiq hual, elcheerheeq saseel miqceef gge muggvqjjiq la hual mai. Coq zzai xi gv' fv zee, labbaf to' lo tai, ggumu gv bbaq teiq keel, ddeehu seil nvlmei gv teiq haqha, ddeehu bba' laq dder muq lei dder geel. Ggumu cher neeq gge seil hoddo' lo gge jjuq, terq geel gge jjuq, ddeehu tobvl bie nee gv' fv zee, ddeehu ssee gumuq tai, gumuq quqqu tai.

Daiceef ddiuqkol, ddeeddeeq jilji bbei keemei gol hailhai gge tohaiq geel ser. Gaineif meelddeeq nee niggee bbei ke bbil, piq bbei ciulciu bbil, ko' lo jjil bbil erq teiq zee yi, seil meel tohaiq bie seiq. Eyi seil sullial tohaiq geel, meel tohaiq ximul ddeehu dal geel xi jjuq seiq.

◆ “绣脚”“文面”的“哀牢夷”和“喜浴，女衣齐腰，下穿桶裙，以宽带缠腰”的“水摆夷”（〔清〕阮元、伊里布等修，王崧、李诚等纂《云南通志稿·南蛮志·种人》，道光十五年刻本图像，一一二册，云南省图书馆藏）

◆〔清〕傅恒等奉敕编：《皇清职贡图》之“僰夷”和“莽人”（见“钦定四库全书荟要”《山海经·皇清职贡图》183—699、714页，长春：吉林出版集团有限责任公司，2005年版）

◆ “绣脚蛮则于踝上腓下，周匝刻其肤为文彩。”云南青铜器纹饰人物“绣脚”图

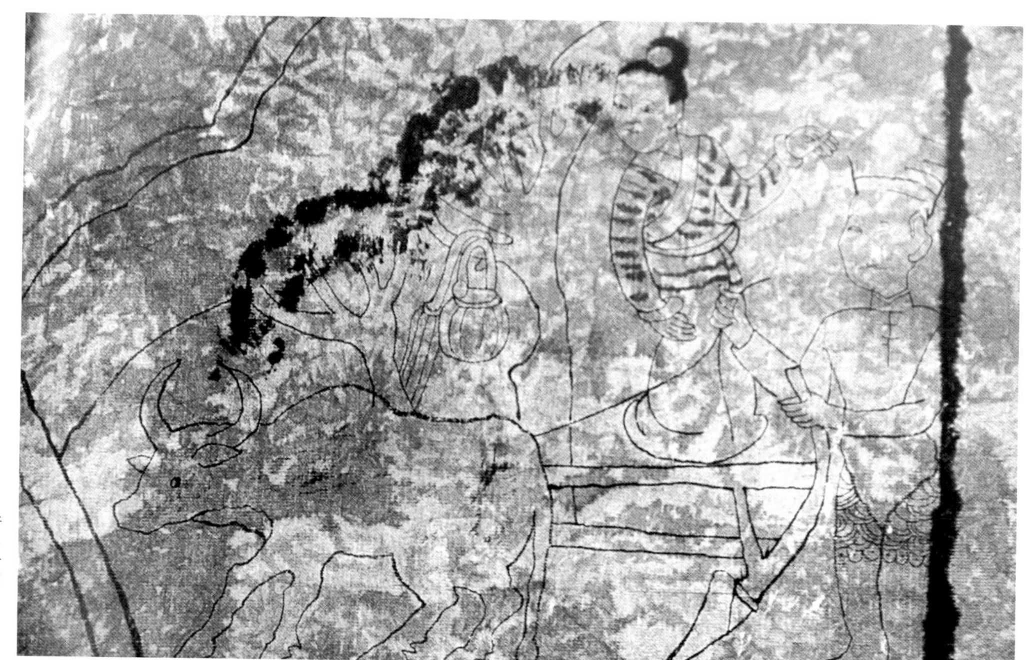

◆ 清代傣族缅寺壁画《饷耕图》局部中人物腿部纹饰（王海涛主编：《云南历代壁画艺术》，云南人民出版社、云南美术出版社，2002 年版）

◆ 勐海勐遮曼宰龙缅寺壁画，穿筒裙的女子与穿短衣长裤的王子（见王海涛主编：《云南历代壁画艺术》，云南人民出版社、云南美术出版社，2002 年版）

◆ 勐海勐遮寺清代壁画《敬佛图》中孔雀舞表演者（见王海涛主编：《云南历代壁画艺术》，云南人民出版社、云南美术出版社，2002 年版）

◆ 清代傣族缅寺壁画“会歌图”局部中人物右衽和对襟短衣配筒裙（见王海涛主编：《云南历代壁画艺术》，云南人民出版社、云南美术出版社，2002 年版）

◆ 清代傣族缅寺壁画“出安居图”局部中人物各式服饰（见王海涛主编：《云南历代壁画艺术》，云南人民出版社、云南美术出版社，2002 年版）

◆ 百年前傣族集市上各种人物服式（勐撒，1895，W.A.瓦茨·琼斯摄，见云南美术出版社编：《见证历史的巨变——云南少数民族社会发展纪实》。昆明：云南美术出版社，2004 年版）

◆ 节日男女盛装（西双版纳傣族自治州，2007 年，李剑锋摄）

◆ 傣族全民信仰南传上座部佛教（德宏傣族景颇族自治州盈江县，2001 年，邓启耀摄）

◆ 代际、性别，都是造成服装差异的原因（德宏傣族景颇族自治州盈江县，2001 年，邓启耀摄）

◆ 两代人的日常服装（普洱市江城哈尼族彝族自治县，2009 年，邓启耀摄）

◆ 即使在同一个县，傣族服装款式也是多种多样（玉溪市元江哈尼族彝族傣族自治县，2010 年，邓启耀摄）

服装

男装

男子服装式样，明代文献记载："男子皆衣长衫宽襦而无裙"⑫，清代文献述："僰彝…… 男女皆刺花样眉目间以为饰。老挝、车里亦如之，车里额上增刺一旗。"⑬ 在清代傣族缅寺壁画中，"衣长衫宽襦"的图景依然在目。现代主要是对襟短衣长裤，或穿类似裙的"纱笼"。在德宏傣族景颇族自治州，自己纺织，有暗花底纹的靛染青蓝棉布，是男子传统服装的精品。在节日里，英俊的小伙子还会穿上造型绮丽的"王子"服装，翩翩起舞，重温傣族民间爱情叙事长诗或傣戏描述的故事。

⑫ 钱古训、李思聪：《百夷传》。

⑬〔清〕罗伦修：《永昌府志》卷二十四。

◆ 清代傣族缅寺壁画"王子出家图"局部：穿长衫与穿短衣长裤的男子（见王海涛主编：《云南历代壁画艺术》，云南人民出版社、云南美术出版社，2002 年版）

◆ 傣族对襟短衣长裤男装（临沧市耿马傣族佤族自治县，1936 年，勇士衡摄）

◆ 傣族“山摆夷”男子服装（临沧市沧源佤族自治县，1936年，芮逸夫摄）

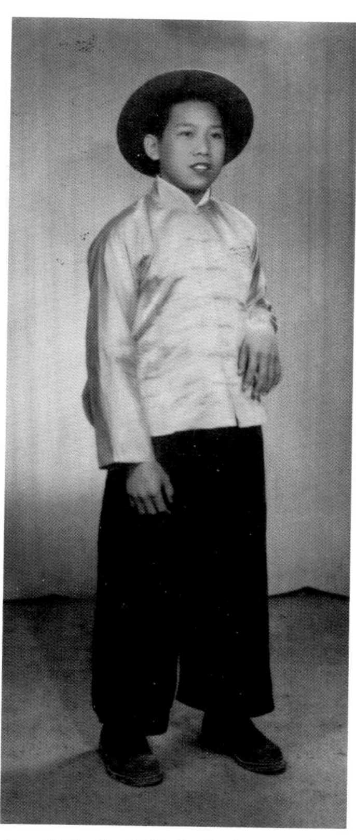

◆ 青年男子服装（黑白照片手工上色）（昆明子雄照相馆摄，1956—1964年，仝冰雪收藏）

◆ 老人服装（玉溪市元江哈尼族彝族傣族自治县，2010年，邓启耀摄）

◆ “花腰傣”男子对襟衣长裤（玉溪市新平傣族彝族自治县，2001年，刘建明摄）

◆ 传统表演装：云肩式短衣齐膝裤（德宏傣族景颇族自治州瑞丽市，1995 年，刘建明摄）

◆ 传统表演装：短衣长裤（西双版纳傣族自治州，刘建明摄）

◆ 披裹式（西双版纳傣族自治州，1990 年，邓启耀摄）

女装

清代文献述："僰夷……妇人白帨束发，缠叠如仰螺。"[14]"僰彝（夷）……喜浴，女衣齐腰，下穿桶裙，以宽带缠腰。"[15]傣族女装款式主体为短衣筒裙（裤）式，部分地区有宽袖叠合衣长裤式，以短、薄、柔和贴身为主要特色。傣族民间传说叙述了筒裙的来历：人类刚刚产生的时候，不知道耕地播种，只会终日光着身子在森林里寻野果充饥。一天，有30个姑娘一起出去寻野果。在密林里，她们光裸的身子被茅草和树枝划出了血印，她们只好停下来。这时，她们看见孔雀、白鹇鸟和野鸡走过，十分羡慕，于是就撕下嫩木棉树皮，把腰围住。后来，她们又采来芭蕉叶，接在下面。她们一边走，一边采集合适的树叶和树皮来遮体。她们采集了有花纹而柔软的"帕节玉窝"长叶（亚热带森林里的一种草本植物），用它的白斑缘点围饰膝盖处。最后采集一种叫猫尾花的植物接在裙子最下端。数一数，足足有33种颜色，十分漂亮。从那个时候起，傣族就有了花筒裙，而且织在筒裙上的颜色也是33种[16]。

古代文献记载，傣族的筒裙大致在明代已经成型："……妇女则绾髻于后以白布裹之，不施脂粉，身穿窄袖白布衫，皂布筒裙。……贵者以锦绣为筒裙。"[17]当然，不同地区和支系的傣族，服装形制还是有较大差异的。西双版纳州、德宏州、红河州金平县自称"傣泐"，他称"水傣""白傣""普洱傣"的，短衣长筒裙为傣装典型样式。上衣窄袖紧身，衣襟仅及脐上，女子便装还有更短的露臂胸甲。筒裙修长，穿服者尤显婀娜体态。薄布（或绸布）长筒裙的传统纹样为横条色带，现代则时兴色彩鲜艳的孔雀纹和水湿布。"普洱傣"女子穿斜襟短衣，红色横条纹饰于筒裙上部，扎黑白相间的包头，服色以黑、红为主。傣式筒裙或"沙笼"对于近水、喜浴的傣族来说，极为便利。每日必浴的傣族妇女，只需边下水边往上褪去筒裙，身体入水后即把筒裙缠于头上，出水时反向褪下，从容自如。

居于元江河谷及西双版纳近山河坝，自称"傣雅"和"傣仲"，他称"花腰傣"的一支，以服饰上华丽的"花腰"著称。花腰傣女装头饰分内层扎头带和外层包头；上衣分内褂和外套两种，内褂无袖，紧身，外套有袖而极短，只可象征性地遮住胸乳部位，服式别致；黑底长裙斜掖，一角斜掖于腰，风韵无限。繁妆缛饰，喜扎绑腿，当为防雨林河谷荆草蚊虫所致。

德宏州潞西、盈江、陇川等县自称"傣那"或"傣绷"，他称"旱傣"或"汉傣"的傣族未婚少女，习穿窄袖紧身短衣、长裤、短围腰，戴头帕，婚后改穿短衣长筒裙，用笋壳和黑布扎制高包头，并在腰膝间再围半截黑色裙围。

红河州元阳县、玉溪市和金沙江一带"黑傣"，头上扎裹成尖角的包头，穿黑布宽袖半臂短衣和齐膝宽脚裤，与壮族、布依族服式属同一个类型。

马关县和麻栗坡县傣族的长衫长裤式服装在傣族服装中比较另类，和广西壮族侬人相似。

⑭〔清〕汤大宾修（乾隆）：《开化府志》卷九。

⑮吴兰孙纂修：《景东直隶厅志》卷三十五。

⑯详见《西双版纳傣族民间故事》第295—296页，云南人民出版社，1984年版。

⑰〔明〕钱古训撰《百夷传》。见江应樑校注《百夷传校注》。云南人民出版社，1980年版。

短衣筒裙式

◆ 傣族少女对襟短衣筒裙（德宏傣族景颇族自治州，1935年，勇士衡摄）

◆ 傣族102岁老妇服式（德宏傣族景颇族自治州瑞丽市，1935年，勇士衡摄）

◆ 傣族少女左衽短衣筒裙（西双版纳傣族自治州勐海县，作者不详）

◆ 已婚妇女高包头短衣筒裙（德宏傣族景颇族自治州陇川县，蒋剑摄）

◆ 未婚少女服式（正面和背面）（德宏傣族景颇族自治州潞西市，蒋剑摄）

◆ 开襟和右襟短衣筒裙（玉溪市元江哈尼族彝族傣族自治县，约 1958—1965 年，云南民族调查团摄，见云南美术出版社编：《见证历史的巨变——云南少数民族社会发展纪实》。昆明：云南美术出版社，2004 年版）

◆ 开襟短衣筒裙（玉溪市元江哈尼族彝族傣族自治县，2010 年，邓启耀摄）

◆ 内褂加筒裙（玉溪市新平彝族傣族自治县，2005 年，邓启耀摄）

◆ 花腰傣傣卡支系的女青年（玉溪市新平彝族傣族自治县，1993 年，刘建明摄）

◆ 套头短衣筒裙（普洱市江城哈尼族彝族自治县，2009 年，邓启耀摄）

◆ 对襟短衣筒裙（普洱市江城哈尼族彝族自治县，2009 年，邓启耀摄）

◆ 小交襟短衣筒裙（普洱市江城哈尼族彝族自治县，2009 年，邓启耀摄）

◆ “水傣”的典型服式是紧身胸甲、短衣和筒裙（西双版纳傣族自治州，2011 年，王文贵摄）

◆ 傣族老年妇女传统服装（西双版纳傣族自治州，2000年，邓启耀摄）

◆ 傣族老年妇女传统服装（德宏傣族景颇族自治州，2000年，邓启耀摄）

◆ “白傣”的对襟紧身白衣黑筒裙（红河哈尼族彝族自治州金平苗族瑶族傣族自治县，1990年，邓启耀摄）

◆ “白傣”对襟紧身白衣黑筒裙加裙边装饰（红河哈尼族彝族自治州金平苗族瑶族傣族自治县，2002年，刘建明摄）

◆ 对襟紧身黑衣黑筒裙（红河哈尼族彝族自治州金平苗族瑶族傣族自治县，2002年，刘建明摄）

◆ 在“泼水节”里，水和傣族姑娘的紧身衣裙勾勒出她们姣好的身材（西双版纳傣族自治州，2009 年，陈强摄）

◆ 交襟传统服装（玉溪市，2010 年，邓启耀摄）

◆ 传说来自普洱县的“普洱傣”，服式古朴（红河哈尼族彝族自治州金平苗族瑶族傣族自治县，1990 年，邓启耀摄）

宽袖半臂衣长裙式

居住在滇西北金沙江沿岸的傣族妇女，她们头扎形如“黑傣”的包头，穿敞胸宽袖半臂衣，开胸部位系一挑花兜肚，暴露于外，下着蓝色绣边长裙，长裙名贵者为火草裙。腰系用土红和白色纱线织成的腰带，形如鱼鳍。据传说，这种装扮，正是为了祭奠为村民献身的神鱼。

◆ 赛装节上“金沙江傣”的宽袖半臂衣长裙（楚雄彝族自治州大姚县，1990年，邓启耀摄）

长衫式

◆ 这款对襟长衫，与其他地区傣族服式截然不同（红河哈尼族彝族自治州金平苗族瑶族傣族自治县，约1958—1965年，云南民族调查团摄，见云南美术出版社编：《见证历史的巨变——云南少数民族社会发展纪实》。昆明：云南美术出版社，2004年版）

◆ 右侧老妇压箱底的老式长衫（红河哈尼族彝族自治州金平苗族瑶族傣族自治县，1980年，王国祥摄）

长衫长裤式

◆ 傣族女性屋形头饰和长衫长裤式服装（马关县，2008年，王明富摄）

◆ 傣族女性长衫长裤式服装（麻栗坡县，2009年，王明富摄）

半臂衣短裙式

◆ 傣族少女半臂衣套裙（玉溪市元江哈尼族彝族傣族自治县，2010年，邓启耀摄）

◆ “黑傣”老年妇女服装（红河哈尼族彝族自治州元阳县，2000年，邓启耀摄）

◆ “黑傣”姑娘半臂衣短裙加绑腿（红河哈尼族彝族自治州元阳县，1990年，邓启耀摄）

◆ “黑傣”母女服装（红河哈尼族彝族自治州元阳县，1990 年，邓启耀摄）

◆ 大襟半臂衣（玉溪市元江哈尼族彝族傣族自治县，1995 年，刘建华摄）

短衣长裤式

◆ 短衣长裤，系花围腰（德宏傣族景颇族自治州，约 1958—1965 年，云南民族调查团摄，见云南美术出版社编：《见证历史的巨变——云南少数民族社会发展纪实》。昆明：云南美术出版社，2004 年版）

宽袖半臂衣长裤式

◆ 中老年妇女宽袖半臂长衣长裤（玉溪市元江哈尼族彝族傣族自治县，2010年，邓启耀摄）

童装

旧时傣族男童在十三四岁到二十岁时文身，不文者则被同群体中的人耻笑为“不成熟的人”，将受歧视。李佛一《车里》记载：“僰族男子尚文身雕题，尚学僧之初，即由其‘爬竜’于胸背额际腕臂脐膝之间，以针刺种种形式，若鹿若豕，若塔若花卉，亦有刺符咒格言及几何图案者，然后涅以丹青。”[18] 由于傣族全民信仰南传上座部佛教，男孩基本都要出家“学僧”一段时间，到寺庙里学习傣文、贝叶经和传统文化，否则为未经教化的“生人”。接受“教化”的标志，是请佛爷为其剃度和行披黄单礼。做父母的，先给孩子头戴龙冠，身穿新衣，再由父亲和族中长老携带赕品、袈裟、鲜花、纸幡旗等前赴寺院，让孩子背诵经典，参拜神位和佛爷。佛爷质询，孩子答对之后，佛爷当场举行剃度（剃为光头）和披黄单（袈裟）礼。所以，披裹式的橙色袈裟，也成为傣族男孩服式的一个类型。

女童服装依地区而异。西双版纳傣族自治州、德宏傣族景颇族自治州傣族女童多穿短衣筒裙，玉溪市元江哈尼族彝族傣族自治县傣族女童则穿宽袖半臂衣，着长裤。

⑱ 李佛一：《车里》，商务印书馆，1934 年版。

◆ 傣族女童（德宏傣族景颇族自治州盈江县，1935 年，勇士衡摄）

◆ 傣族男童（德宏傣族景颇族自治州盈江县，1935 年，勇士衡摄）

◆ 傣族童装（临沧市耿马傣族佤族自治县，1936年，芮逸夫摄）

◆ 孩子们的服装，20世纪五六十年代总体还是传统式样（德宏傣族景颇族自治州，约1958—1965年，云南民族调查团摄，见云南美术出版社编:《见证历史的巨变——云南少数民族社会发展纪实》。昆明：云南美术出版社，2004年版）

◆ 在很多地方，坚守传统的基本是女性。穿传统服装的妈妈怀中的小男孩，穿服的已是汉式对襟短衣长裤（江城哈尼族彝族自治县，2009年，邓启耀摄）

◆ 女童宽袖半臂衣紧身裤（玉溪市元江哈尼族彝族傣族自治县,2010年,邓启耀摄）

◆ “花腰傣”儿童坎肩长裤（云南省，刘建明摄）

◆ “花腰傣”儿童服装（玉溪市新平彝族傣族自治县，徐晋燕摄）

◆ 和母亲一起捉鱼的女孩（西双版纳傣族自治州勐腊县，1992年，杨克林摄）

饰品

对头发、牙齿和身体的装饰属于自体饰的一种，主要媒介是染料和金属。神话和古籍多述“百越”等近水民族喜“断发文身，以像龙子”“陆事寡而水事众，于是民人被发文身，以像鳞虫，短绻不袴，以便涉游……”[19]傣族有关文身的神话传说也很多，有的说是为避水怪伤害，有的说是为到龙宫索宝，有的说是为了与龙祖宗相似。《百夷传》说：“不黥足者，……非百夷种类也。”[20]“其首皆髡，胫皆黥。不髡者杀之，不黥者众叱笑，比之妇人。”[21]傣族民间也有这样的说法，认为“文身死后，祖先才相认，不文则不相认”。傣族谚语：“哈来宾傣，哈仑宾贺。”意为“有花纹的是傣族，无花纹的是汉族”。以文身“辨族别异”，进行族群认同；并因纹饰部位不同显示支系差异：“金裹两齿谓之金齿蛮，漆其齿者谓之漆齿蛮，文其面者谓之绣面蛮，绣其足者谓之花脚蛮，彩缯分撮其发者谓之花角蛮。”[22]

漆齿（染黑牙）或镶牙作为成人或婚配的标志，在傣族中也很流行。染牙可用花梨木燃烧所熏的胭脂，也可利用植物与矿物（如石灰水）的化合作用染齿。染后常嚼槟榔（加烟末、石灰等），可使牙齿黑而发亮。染牙镶齿在唐宋时即已见记载：“黑齿蛮以漆漆其齿，金齿蛮以金镂片裹其齿，银齿（蛮）以银。有事出见人则以此为饰，寝食则去之。”[23]《马可波罗行纪》亦这样记述元代滇西傣族的镶齿：“此地之人，皆用金饰齿，别言之，每人齿上用金作套如齿形，套于齿上，上下齿皆然。”[24]西双版纳傣族男孩稍长，便需文身，因为傣族认为，男人不文身，就没有男子气。女子成年则要墨齿。

除了文身漆齿，古代傣族还有许多装饰方式。元代文献述：“金齿百夷……男子文身，　去髭须鬓眉睫，以赤白土傅面，彩缯束发，衣赤黑衣，蹑绣履，带镜……妇女去眉睫，不施脂粉，发分两髻，衣文锦衣，联缀珂贝为饰。”[25]

在热带雨林生活的傣族妇女，漫山遍野的花卉和随手可得的树叶鸟羽是她们天然的饰品。“上下僭奢，虽微职亦系钑花金银带。贵贱皆戴笋箨帽，而饰金宝于顶，如浮图状，悬以金玉，插以珠翠华，被以毛缨，缀以毛羽。贵者衣绮丽。”[26]古代傣族驯养大象，象牙也是她们常用的装饰材料：“……百夷妇人贵者以象牙作筒，长三寸，许贯于髻，插金凤蛾，其项络以金索，手戴牙镯，以红毡束臂，缠头，衣白衣，窄袖短衫，黑布桶裙，不穿耳，不施脂粉。”[27]

佩戴在身体上的耳环、项链、手镯，镶嵌在衣服上的银泡、银坠和各种刺绣，也是她们喜爱的饰品。其中，“黑傣”姑娘的宽袖斜襟半臂衣，

⑲〔汉〕刘安等：《淮南子·原道训》（高诱注本）。见《二十二子》1207页，上海：上海古籍出版社，1986年版。

⑳〔明〕李思聪著：《百夷传》，江应樑校注本附录，150页。昆明：云南人民出版社，1980年版。

㉑〔明〕钱古训撰：《百夷传》，江应樑校注本90页。昆明：云南人民出版社，1980年版。

㉒〔元〕李京《云南志略·诸夷风俗》。见方国瑜主编：《云南史料丛刊》第3卷。昆明：云南大学出版社，1998年版。

㉓〔唐〕樊绰撰：《云南志》（《蛮书》）。见方国瑜主编：《云南史料丛刊》第2卷，42页。昆明：云南大学出版社，1998年版。

㉔〔元〕马可波罗：《马可波罗行纪》第119章“金齿州”。见方国瑜主编：《云南史料丛刊》第3卷，146页。昆明：云南大学出版社，1998年版。

㉕〔元〕李京《云南志略·诸夷风俗》。见方国瑜主编：《云南史料丛刊》第3卷。昆明：云南大学出版社，1998年版。

㉖〔明〕钱古训撰：《百夷传》70页，江应樑校注本。昆明：云南人民出版社，1980年版。

㉗〔明〕陈文纂修：（景泰）《云南图经志书》卷六。见方国瑜主编：《云南史料丛刊》第6卷。昆明：云南大学出版社，1998年版。

胸襟处镶缀银泡，袖口拼接彩布，扎挑花绑腿，包头裹饰尖角，绣边垂护双耳。“白傣”姑娘的白衣襟边和黑筒裙裙边皆有绣，系彩色布腰带，带头结于侧面。花腰傣女装上衣内褂镶满银泡，可做避邪，外套背部绣花。筒裙从腰至裙边，绣满各式花纹，有钩纹、锯子花、孔雀、八角花、月亮、星星、人类、芫荽花、八角、鸡冠、树叶等。头饰分内层扎头带和外层包头，亦多刺绣有钩纹和人纹等图案；腰带缠身数匝，绣星星和蛇纹。最为惹眼的是绣满孔雀花纹的紧身筒裙“孔雀衣”，已经成为傣族典型的标志性服饰。

孔雀衣和孔雀髻的传说：

在勐海地方，有一位英俊勇敢的王子名叫召树屯，他希望能够找到一位美丽聪明的姑娘结为永久伴侣。他带上弓箭和佩刀，骑马去寻访心爱的人。路上，他与一位猎人（有的传说是修行者）交上了朋友。猎人告诉他，在朗丝娜湖边，每隔七天，便有七位美丽非凡的孔雀姑娘飞来游泳。召树屯按照指点来到湖边，果然看到天上飞来七只孔雀。它们落在湖边，脱下孔雀衣，变成七位美丽的姑娘，下水嬉戏沐浴。召树屯偷走了小孔雀喃木诺娜的孔雀衣。小孔雀上岸寻不到衣服，见到召树屯，一见钟情，便留了下来，和召树屯结为夫妻。

后来，召树屯率兵抗击外侮，王宫中有人挑拨离间，迫使糊涂的召勐准备杀死“妖女”喃木诺娜。临刑时，喃木诺娜要求披上孔雀衣再跳一次舞。召勐松开缚她的绳索，让她披上孔雀衣，最后跳一次孔雀舞。喃木诺娜用整个身心跳出了对召树屯的爱。表露出自己崇高纯洁的心灵。刽子手被感动得放下屠刀，愚昧的人们仿佛被圣水洗涤。正当大家如醉如痴忘掉身在何处的时候，喃木诺娜已化为孔雀凌空飞去。

召树屯得胜回来，才知喃木诺娜已被逼走。他不畏艰险，乘怪鸟飞到魔王四丫的洞穴，寻找魔王的小女儿——自己的爱妻喃木诺娜。魔王不许他带走女儿，还要杀死他。勇敢的召树屯在聪明的喃木诺娜的帮助下，一一挫败魔王的毒计，最终将魔王杀死，双双回到家乡。

从此后，象征和平与幸福的孔雀舞便在傣族民间广为流传，孔雀姑娘的孔雀衣（在民间演化为孔雀花纹筒裙）和一种被称为孔雀髻的独特发髻也在傣族姑娘中流行起来。每当穿着孔雀衣裙、挽着别致的孔雀髻的傣家姑娘翩翩跳起孔雀舞，人们就会想起孔雀公主的传说。这服饰、这舞蹈，已经成为美丽纯洁的象征。

在西双版纳傣族中，过去曾有一套等级分明的冠服制度，例如，丝绵绸缎是最高领主“孟”级（即宣慰使及其血亲）的专用品，细布只能“翁”级（属官）穿用，农奴只能着一般衣料。服饰的尊卑等级，尤以妇女衣着为显著。妇女衣服的花线边有几道也因等级而不同。劳动妇女只能着一道，“翁”级女子可装饰两道，“孟”级女子可饰三道以上，并能刺绣龙凤。

筒裙上的彩圈也有规定：农民禁用花线边装饰筒裙，违者要用剪刀把裙剪破，当众出丑；“翁”级女子的筒裙可镶绿线边，并用银丝线织一至二道彩圈，绣上银色星星花纹图案；“孟”级女子的筒裙，不仅可用金丝线织三道以上的彩圈，而且可以绣上金色龙凤。戴礼帽，贵族男子可佩上银饰，百姓只能饰以彩线。农奴包括农村鲜、鲩两级头人在内，只能穿竹制拖鞋；农村帕雅级当权头人及城里八大卡贞以下的帕雅、鲊级头人可穿木拖鞋，但不能刻花纹、齿边及其他图案；八大卡贞及佛寺里的二佛爷，可穿有花纹的木拖鞋，但只限于在后跟画一朵梅花；召勐四大卡贞以及佛寺里的祜巴以上长老，可以穿各种花纹图案的木拖鞋，可以画齿边，但禁止画龙凤。其他如使用被盖、垫单等，也有相应的规定[28]。

据说一百多年前，傣族流行一种拖尾的披风。直到现代，每到冬天，傣族还喜欢以布毯或布巾披搭身上，以为祛寒。

另外，傣族妇女的阳伞、腰箩和香袋，也已成为与民族服饰融为一体的饰物了。

㉘刀永明等调查整理：《西双版纳傣族的服饰》，《傣族社会历史调查（西双版纳之二）》，云南民族出版社，1983年版。

◆ 傣族缅寺清代壁画局部：打伞的傣女（见王海涛主编：《云南历代壁画艺术》，云南人民出版社、云南美术出版社，2002年版）

◆ 女大学生花饰（黑白照片手工上色）（昆明子雄照相馆摄，1956—1964年，仝冰雪收藏）

◆ 色彩鲜艳的傣女和太阳伞，已经成为洒满阳光的原野的一道风景（西双版纳傣族自治州，2011年，王文贵摄）

◆ 佩饰花卉的傣族姑娘（西双版纳傣族自治州，2011 年，杨乐／高桂萍摄）

◆ 时尚而易得的彩色锡纸花头饰（江城哈尼族彝族自治县，2009 年，邓启耀摄）

◆ 马关傣族女子的银泡屋形头饰和项链（马关县，2008 年，王明富摄）

◆ 头饰和耳饰（红河哈尼族彝族自治州元阳县，2000 年，邓启耀摄）

◆ 头饰和耳饰（玉溪市元江哈尼族彝族傣族自治县，2010年，邓启耀摄）

◆ 赛装节上“金沙江傣”的十字挑花和珠穗头饰（楚雄彝族自治州大姚县，1990年，邓启耀摄）

◆ 头饰和耳饰（玉溪市元江哈尼族彝族傣族自治县，2010 年，邓启耀摄）

◆ 头饰（玉溪市元江哈尼族彝族傣族自治县，2010 年，邓启耀摄）

◆ 头饰和耳饰（玉溪市新平彝族傣族自治县，2005 年，邓启耀摄）

◆ 花腰傣头饰（玉溪市新平彝族傣族自治县，2005 年，邓启耀摄）

◆ 花腰傣胸饰（玉溪市新平彝族傣族自治县，2005年，邓启耀摄）

◆ 花腰傣腰饰（玉溪市新平彝族傣族自治县，2005年，邓启耀摄）

◆ 花腰傣腰饰（玉溪市新平彝族傣族自治县，2005年，邓启耀摄）

◆ 腰带和裙边装饰（玉溪市新平彝族傣族自治县，2005 年，邓启耀摄）

◆ 胸饰（玉溪市元江哈尼族彝族傣族自治县，2010 年，邓启耀摄）

◆ 头饰和胸饰（红河哈尼族彝族自治州元阳县，2000 年，邓启耀摄）

◆ 十字绣衣袖、花腰带和手镯（玉溪市元江哈尼族彝族傣族自治县，1995 年，刘建华摄）

◆ “普洱傣”漆齿（红河哈尼族彝族自治州金平苗族瑶族傣族自治县，1990 年，邓启耀摄）

◆ 傣族男子文身（临沧市耿马傣族佤族自治县，2004 年，刘建明摄）

◆ 傣族男子文身（西双版纳傣族自治州景洪市勐龙镇，1995 年，刘建明摄）

◆ 傣族男子文身（西双版纳傣族自治州景洪市勐罕镇，1995 年，刘建明摄）

◆ 傣族女子文身（西双版纳傣族自治州勐腊县，2003 年，刘建明摄）

◆ 傣族选美比赛（德宏景颇族傣族自治州瑞丽市，蒋剑摄）

德昂族

德昂族史称“黑僰濮”“濮人”“蒲人”“茫人”“扑子蛮”“绷子”“金齿”等，本民族自称“德昂”“纳昂”“尼昂”“饶买”“饶进”“饶保”“布雷”和“德楞”等，“昂”意为“山崖”或“崖洞”。他称有“崩龙”“黑崩龙”“红崩龙”“花崩龙”“白崩龙”“腊”等，20世纪50年代民族识别时沿用“崩龙”为其族称。因“崩龙”一词在个别民族中含有贬义，1985年按本民族意愿改为“德昂族”。

德昂族主要居住于德宏傣族景颇族自治州，保山市的隆阳区，临沧市的镇康、耿马、双江、永德等县，现有人口2.23万余人（2021年统计数字），缅甸境内也有较多德楞（德昂）人居住，是个跨境而居的民族。德昂族语言属南亚语系孟高棉语族佤德昂语支，没有自己的文字，使用汉文和傣文记载本民族的历史、道德、法规和书写佛经。以龙、虎为保护神。

据史书记载，汉晋时德昂族先民的服饰与佤族、布朗族相似，穿贯头衣。郭义恭《广志》述：“黑僰濮，其衣服，妇人以一幅布为裙，或以贯头。”樊绰《云南志》(《蛮书》)载:“扑子蛮以青娑罗段为通身袴。……娑罗树子，破其壳中白如絮，纺织为方幅，裁之笼头，男子、妇女通服之。”景泰《云南图经志书·顺宁府》载：“蒲人男子，以二幅布缝为一衣，中间一孔，从头套下，无衿袖领缘，两肩露出。”隋唐后，改“披五色娑罗笼”，“藤篾缠腰，红缯布裹髻，出其余垂后为饰。”明初钱古训著《百夷传》载：哈剌（佤族、德昂族）“以娑罗布披身上为衣，横系于腰为裙，仍环黑藤数百围于腰上”[①]。清代文献的记述为：“崩龙……漆齿文身，多居山巅。”[②]“绷子……披发文身，头缠红布。”[③]清末光绪年间修的地方志，已经注意到德昂族特色服饰腰箍：“崩龙，类似摆衣，惟语言不同，男以背袱，女以尖布套头，以藤篾圈缠腰，漆齿、文身，多居山巅，土司地皆有。”[④]

①以上转引自桑耀华主编：《德昂族文化大观》59页。昆明：云南民族出版社，1999年版。

②〔清〕阮元、伊里布等修，王崧、李诚等纂：《云南通志》卷一百八十六，道光十五年刻本。云南省图书馆藏。亦见方国瑜主编：《云南史料丛刊》第13卷，389页。昆明：云南大学出版社，1998年版。

③〔清〕刘毓珂等纂修：《永昌府志》卷五。

④〔清〕刘毓珂等纂修：《永昌府志》卷五十七“种人”。转引自尤中:《中国西南的古代民族》493页，云南人民出版社，1980年版。

Defngaiq ceef

Defngaiq ceef gol ebbei sherlbbei seil "Hef bof pvq" "Pvq sseiq" "Pvf sseiq" "Maiqsseiq" "Pvqzee maiq" "Bezee" "Jichee" cheehu bbei sel, teeggeeq wuduwuq seil "Defngaiq" "Naqngaiq" "Niqngaiq" "Ssaqmai" "Ssaqzil" "Ssaqba" "Bvlluiq" "Defleil" cheehu sel, "ngaiq" gge yilsee seil "jjuq" "ngaiqko". Bif xi nee teeggeeq gol "Be'leq" "Be' leq naq" "Be' leq xuq" "Be' leq zzaiq" "Be' leq perq" "Laf" cheehu sel. 20 sheelji 50 niaiqdail miqceef sheefbif cheerheeq "Be' leq" cheemiq zeiq. Nal "Be' leq" cheemiq tee ddeehu miqceef gge liuqjil geezheeq waq yeel, 1985 niaiq teeggeeq wuduwuq gguq zul bbei "Defngaiq ceef" sel lei gai.

Defngaiq ceef zeeyal seil Defhuq Daiceef Jipo ceef zeelzheel ze, Basai sheel, Liqcai gge Zeilkai, Geima, Suaijai, Yedef cheehu xail loq zzeeq, xikee 2.23 mee jjuq (2021 N tejil), Miaidiail la Defleil (Defngaiq) jjuq, kualji miqceef waq. Defngaiq ceef geezheeq seil naiqyal yuxil melgamiaiq yuceef wa defngaiq yuzhee loq yi, wuduwuq gge tei' ee me jju, Habaq tei' ee nef Daiceef tei' ee zeiq bbei wu' quwu gge liqshee, bbeidoq yusaq, ddumuq cheehu jeldiu, ddaqbaq jeq berl. La tee bahul seiq waq.

Ebbei sherlbbei tei' ee loq nee jeldiu mei, Hailjil cheerheeq Defngaiq ceef gge muggvqjjiq tee Waceef nef Bvllai ceeq gol biebie, gu' lu tal gge bba' laq muq. Gof Yilgu nee <Guaizheel> loq nee sel mei: "Bofpv naq, milquf bba' laq tobvl ddee' fvf nee terq bbei, talteq bba' laq muq." Faiqzof gge <Yuiqnaiq zheel> (<Maiq su>) nee jeldiu mei: "Pvzee maiq so' loq zzerq nee lei malma…….so' loq zzerq gge liu ke bbil seil perqsal perqsal gge fv yi, tobvl ddaq bbil seil bba' laq cerl, sso nef mil bbei muq." Jitail gge <Yuiqnaiq tvq ji zheel su · suilliq fv> nee jeldiu mei: "Pvfsseiq sso, ni' fvf tobvl nee bba' laq ddee' lvl reeq, liulggv ddeeko jju, gu' liu nee muq tal, jerberq nef laqyulko me zzeeq, kodvq muqdiul ddoq." Suiqtaiq mailgguq, "Walcher so' loq terq muq", "Teel gol meelpiel zee, ceqbvl xuq nee gv zee, leihal gge mailjuq teiq keel." Miqcee cheerheeq Ciaiq Gvxuil nee berl gge <Bef yiq zuail> loq nee jeldiu mei: Ha' la (Wa ceef nef Defngaiq ceef) "So' loq tobvl nee ggumu gv pi bba' laq malma, leidderq teel gol zee yeel terq bbei, teel gol teiq naq nee ddeexi quai lvllv." Ci dail gge tei' ee loq nee jeldiu mei: "Be' leq…… hee ssal, ggumu gv tvq hual, jjuq gvci zzeeq mei bbeeq." "Bezee……Gv' fv saq, ggumu gv hual, gv' liu tobvl xuq nee lvl." Ci caq mail zherl malma gge dilfaizheel loq, Defngaiq ceef gge muggvqjji loq bbeegeel xi gol me nilniq zelddee seiq: "Be' leq, Bbaiyi gol biebie, geezheeq me nilniq, sso ggeeddee nee za, mil jaibvl nee gu' liu tal, meelpiel quai nee teel lvl, hee ssal, ggumu gv hual, jjuq gvci zzee mei bbeeq, tvsee ddiuq la jjuq."

◆ 款式基本保留，色彩和装饰有所调整的改装型德昂族服装（昆明市民族村，2007 年，邓启荣摄）

男装

明代文献述："蒲人男子，以二幅布缝为一衣，中间一孔，从头套下，无衿袖领缘，两肩露出。"⑤德昂族青年男子多穿蓝、黑色双层领大襟衣，外层白领沿边装饰五彩小绒球，大襟衣多用银泡或银币做纽扣，襟边镶些小绒球。左耳戴系竹叶形小银片的耳筒，筒的另一端装饰一红色绒球。佩戴银项圈，头包花色毛巾，节日庆典时也裹红布包头，裤子宽短，外出时带长刀和挎包。中年男子服装与青年同，用藏青或白布包头，不佩戴银耳筒、项圈，衣襟上不钉五色绒球等，穿齐膝裤或宽摆裤，打绑腿。老年人的穿着比较随便，裹黑、白布包头，用青布裹腿。

⑤〔明〕陈文纂修：（景泰）《云南图经志书·顺宁府》。见方国瑜主编：《云南史料丛刊》第6卷，84页。昆明：云南大学出版社，1998年版。在古籍中，德昂族仍包含在"蒲人"之中。以上所引，遵桑耀华主编：《德昂族文化大观》59页所述。昆明：云南民族出版社，1999年版。

◆ 德昂族男子装束（德宏傣族景颇族自治州潞西市，1935年，勇士衡摄）

◆ 短衣长裤或齐膝裤加绑腿（德宏傣族景颇族自治州，约1958—1965年，云南民族调查团摄，见云南美术出版社编：《见证历史的巨变——云南少数民族社会发展纪实》。昆明：云南美术出版社，2004年版）

◆ 老人的短衣长裤（德宏傣族景颇族自治州芒市三台山，2001 年，邓启耀摄）

◆ 短衣齐膝裤（德宏傣族景颇族自治州芒市三台山，2001 年，邓启耀摄）

◆ 红包头和闪亮加花边的化纤面料服装，常用于文化展演（德宏傣族景颇族自治州芒市，1993 年，刘建明摄）

◆ 男子短衣长裤（德宏傣族景颇族自治州，2008 年 /1988 年，刘建明摄）

女装

德昂族女装款式不多，基本都是短衣长筒裙式。德昂族妇女装束的显著特点是：剃发，裹黑布包头，穿蓝色或黑色对襟、尖领短上衣，襟边镶红布条，饰以方块银牌和银泡，在领边、下摆用红布和各色绒球装饰，腰间缠刻有花纹或涂漆的藤篾腰箍，偶有间饰金属腰箍，下身着筒裙。根据不同地方德昂妇女服饰的用色特点，又分别被称为红德昂、黑德昂和花德昂等。红德昂妇女的筒裙下端有片红色；黑德昂则在黑筒裙上织几条深红色带子，中间夹几条白带；花德昂妇女的筒裙下端有四条白带，中间夹一道红色。

德昂族妇女的筒裙，有一道道的黑色。传说，在古时一次部族战争中，德昂族男子全部战死。为保卫家园，妇女们奋起御敌。战斗十分残酷，但德昂妇女个个勇敢顽强。她们身上伤痕累累，战火烧焦了她们的筒裙。为了表彰她们的英勇精神，纪念那一次战斗，从那时起，德昂族妇女的筒裙都要有一段段的黑色，代表烧焦的部分，它们和血染的红色，共同成为无所畏惧的象征。

还有一种传说解释德昂族妇女筒裙的花色为什么有三种，“红德昂”妇女的筒裙下端有片红色，“花德昂”妇女的筒裙下端有四条白带，中间夹一道红色，“黑德昂”则在黑筒裙上织几条深红色带，中间夹几小条白带。三种花色的形成有个传说：很早很早的时候，德昂人杀牛，牛被杀伤后在地下翻滚挣扎，牛尾染着很多血，在地上乱甩。大姐用力按牛，裙子上染着很多牛血；二姐按牛不用力，裙子上染着的血少一些；三姐最后来按，牛血已变成紫色，染在裙子上的牛血也是紫的。吃牛肉时，她们胸前的一块衣裳被牛血染红，所以德昂族妇女的胸前都有两块红布。

短衣筒裙式

◆ 德昂族女子装（德宏傣族景颇族自治州芒市，1935年，勇士衡摄）

◆ 女子短衣筒裙（德宏傣族景颇族自治州，约 1958—1965 年，云南民族调查团摄，见云南美术出版社编：《见证历史的巨变——云南少数民族社会发展纪实》。昆明：云南美术出版社，2004 年版）

◆ 德昂族老妇短衣筒裙（德宏傣族景颇族自治州芒市三台山，2001 年，邓启耀摄）

◆ 德昂族老妇短衣筒裙和缠线头箍（临沧市镇康县，2004 年，刘建明摄）

◆ 德昂族少妇短衣筒裙（德宏傣族景颇族自治州芒市三台山，1993 年，邓启耀摄）

◆ 德昂族少妇短衣筒裙（德宏傣族景颇族自治州芒市三台山，2001 年，邓启耀摄）

◆ 德昂族少女短衣筒裙（德宏傣族景颇族自治州芒市三台山，2001 年，邓启耀摄）

◆ 卖橄榄的德昂族妇女（德宏傣族景颇族自治州芒市，1997 年，刘建明摄）

◆ 德昂族少女短衣筒裙（德宏傣族景颇族自治州芒市，2008 年，刘建明摄）

◆ 穿短衣筒裙跳鼓舞的女子（勐秀乡，2006 年，石伟摄）

童装

德昂族童装一般是短衣长裤式，上着翻领青布对襟衣，下穿齐膝裤。女孩则穿漂亮的筒裙。现在，为孩子买市集上新款的衣服，是父母疼爱宝宝的一种方式，但7岁以前的孩子，依然要由母亲一针一线亲手缝制一顶圆帽，帽顶系一个鸡蛋大的红色绒球，帽边镶银佛、银泡、银币和绒球，以祈福护魂。

◆ 德昂族母子（德宏傣族景颇族自治州芒市三台山，1993年，邓启耀摄）

◆ 德昂族爷孙（德宏傣族景颇族自治州芒市三台山，2001年，邓启耀摄）

◆ 尽管孩子们也穿上了新款式的衣服，但祈福护魂的帽子和手镯，依然如故（德宏傣族景颇族自治州芒市三台山，1993/2001年，邓启耀摄）

◆ 德昂族童装（德宏傣族景颇族自治州芒市三台山，徐晋燕摄）

◆ 德昂族童装（德宏傣族景颇族自治州芒市三台山，1993 年，邓启耀摄）

小伙子喜在包头两端和胸肩部位饰以各种绒球，戴大耳坠和银项圈。

德昂族妇女的标志性饰品是腰箍，古代文献多已注意到她们“藤篾缠腰”的装束。在她们的紧身短衣和长筒裙之间，套有十来根甚至三十几根用红、黑等色漆成的藤篾腰箍，或前半截为藤制，后半截包银或锡，套在腰裙之间，随体伸缩，富于弹性。这些腰箍或是姑娘自己精心制作，或是她的追求者相赠。腰箍多，说明姑娘勤劳聪明，追求的人多。

德昂族妇女为什么要戴腰箍呢？在德昂族中，流传着这样一首神话古歌：

很古很古的时候，大地一片浑浊，水和泥巴搅在一起，土和石头分不清楚。没有生物，没有人的影子。天上的一棵茶树化为102片茶叶，随着风沙在天空飘荡了几万年，眼泪变成河海，茶叶堆出陆地，血肉变成万物，102片茶叶变的51对兄妹开始了人的生活。可惜好景不长，他们中的一半被黑风吹到天上，眼泪汪汪两分离：“再死再生九万次，也要紧紧贴在你身上。”地上的一半想尽方法，最后用青藤绕成圈，套下了天上的那半，“神奇的藤圈搭起通天路，拆散的骨肉又团圆。开天辟地第一回，51对男女结成双。”但同本于“茶树”的51对男女结合后，女人还经常“飞”掉，51对夫妻由此散了50对，最小的一对因为女人没有解下藤圈，才得以留在地上，生儿育女。所以德昂族流传着这样一句话：腰上箍着藤圈的姑娘才靠得住[⑥]。

另一个神话则说，远古时人从葫芦里出来，但从葫芦里出来的男子都一个模样，分不出你我。女人出了葫芦口就满天飞，不和男人在一起生活。后来，一位神仙把男人的面貌区分开了，男人又想出办法，用藤圈做成腰箍套在女人身上，女人才不再满天飞，而和男人一起生活[⑦]。

⑥详见《达古达楞格莱标——先祖的传说》赵腊林（德昂族）唱、译，陈志鹏记录整理，《山茶》，1981年2期。

⑦淡与：《崩龙（德昂）族妇女的腰箍》（《民族文化》，1980年1期）。

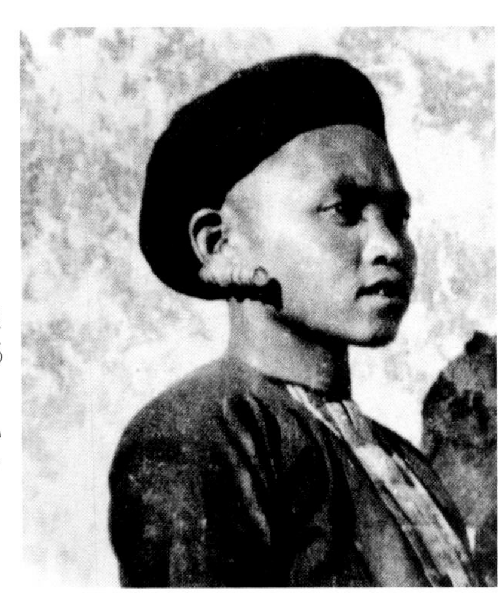

◆ 耳饰（德宏傣族景颇族自治州，约1958—1965年，云南民族调查团摄，见云南美术出版社编：《见证历史的巨变——云南少数民族社会发展纪实》。昆明：云南美术出版社，2004年版）

◆ 男子盛装（德宏傣族景颇族自治州芒市三台山，1993年，邓启耀摄）

◆ 德昂族新娘和伴娘婚礼盛装。为新娘套上腰箍，是婚礼仪式的一部分（德宏傣族景颇族自治州芒市三台山，1993年，邓启耀摄）

◆ 盛装参加婚礼的歌手（德宏傣族景颇族自治州芒市三台山，1993年，邓启耀摄）

◆ 花卉头饰 / 绒球头饰（保山市隆阳区 / 德宏傣族景颇族自治州，1996/2008 年，刘建明摄）

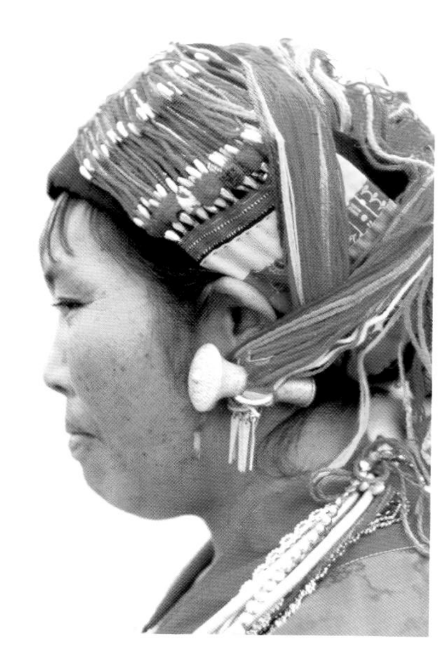

◆ 头帕上的绒球绒线装饰、耳饰和漆齿（德宏傣族景颇族自治州芒市三台山，1993/2001 年，邓启耀摄）

◆ 绒球耳饰（德宏傣族景颇族自治州芒市，1997 年，刘建明摄）

◆ 头饰、项圈、珠链、银牌银泡胸饰和腰箍（德宏傣族景颇族自治州／临沧市镇康县，2001/2004年，邓启耀／刘建明摄）

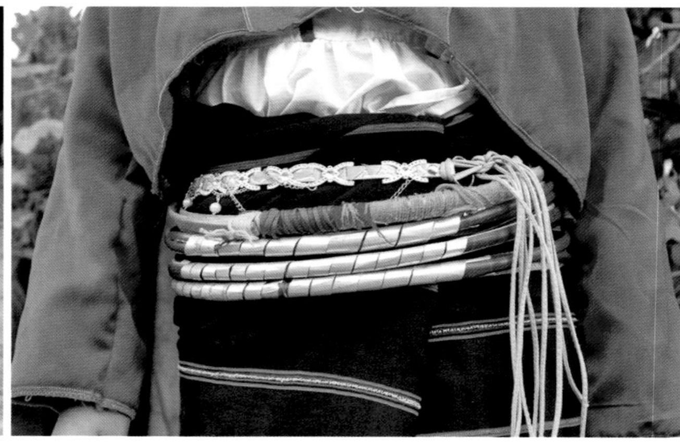

◆ 胸饰和腰箍（德宏傣族景颇族自治州，2008年；临沧市镇康县，2004年，刘建明摄）

◆ 手镯和戒指（德宏傣族景颇族自治州，2009年，刘建明摄）

◆ 挎包（德宏傣族景颇族自治州芒市，2002年，欧燕生摄）

独龙族

深居于高黎贡山、担旦力卡两大山脉夹峙的独龙江峡谷中的独龙族，在公路修通以前，一年有半年因大雪封山而无法与外界交通。独龙族过去无统一族称，自称多随所居地河流名称而定，如“独龙”“迪麻”等。旧称“俅人”“俅子”“曲子”“俅帕”“曲洛”“撬”等，跨境而居。独龙族是中国人口最少的少数民族，仅有约 7310 人（2021 年统计数字）。独龙语属汉藏语系藏缅语族，保留着该语族较多早期形态。

独龙族服式是中国各族服式最古老的样式之一，也是独龙族标志性物象。从古籍文献记载的情况看，独龙族在相当长的历史时期内，都以树叶、兽皮等做衣料，不做裁缝，斜披于肩，裹住身体，一肩裸露，下面用绳在腰间系牢。元代文献所述“撬”，即“俅”的同音字。清代文献述：“俅人……男子披发，着麻布短衣袴，跣足。妇女缀铜环，衣亦麻布。……更有居山岩中者，衣木叶，茹毛饮血，宛然太古之民。”[①]“不知栉沐，树叶之大者为衣，耳穿七孔，坠以木环。”都述及“披树叶为衣”[②]。但看《皇清职贡图》和《云南通志稿》的刻本图像，二者描绘相去甚远。《皇清职贡图》刻本图像描绘的“俅人”已有完备的衣裤形制，和独龙族比较普遍的披裹式服式差异较大。《云南通志稿》刻本图像强调了“衣木叶，茹毛饮血”的服式特征，但恐怕也是来自想象。这可能与独龙江很难去到，画工只能根据传说描绘有关。

清人夏瑚的《怒俅边隘详情》，以第一手资料，谈及独龙族的服装。独龙族在很晚时期，才传入麻布，学会极简单的绩织。麻料的获取仍靠采集野生麻树，将树皮剥成丝，经洗净、晒晾、捻线、水煮等过程，即可用原始的腰织（又叫踞织）将麻线织成麻布。织成麻布后，独龙族男子过去多喜“上身以布一方，斜披背后，由左肩右掖向胸前拴结。左佩利刃，右系篾箩”。妇女“以长布两方自肩斜披至膝，左右包抄向前，其自左抄右者也”[③]。独龙族的“独龙毯”沿袭了原始披裹式衣的遗风。它的主体就是独龙族自织的条纹麻布，不加裁缝，以数条腰织布拼为一块毯状布幅，自一肩斜披于身，暖护前胸后背。手臂光出，腿系绑腿，便于攀山越箐，

①〔清〕阮元、伊里布等修，王崧、李诚等纂：《道光云南通志·南蛮志·种人》卷一八五（道光十五年刻本）引《皇清职贡图》，云南省图书馆藏。亦见方国瑜主编：《云南史料丛刊》第 13 卷，381 页。昆明：云南大学出版社，2001 年版。

②〔清〕雍正《云南通志》卷二十四。

③〔清〕夏瑚：《怒俅边隘详情》，见方国瑜主编：《云南史料丛刊》第 12 卷，149 页。昆明：云南大学出版社，2001 年版。

也便于随机增减调节保温幅度。独龙毯日可做衣，夜可为被，具有突出的民族特色。

直到20世纪中期，在独龙族成人中， 还有一种“遮阴板”，用木板砍削，上端穿洞系麻绳，麻绳系于腰间，木板悬下盖住隐私部，男女皆然。这或许就是《白虎通义》谈过那种古老的服式——“围”：“太古之时，衣皮苇，能覆前而不能覆后”[4]。亦可看作原始披裹式衣的短制。

过去，独龙族还流行一种竹片绑腿或竹筒绑腿，在陡峭的斜坡上行走，腿肚与崖壁相擦甚多，绑腿坚硬，则不易扎伤腿肚。独龙族麻织绑腿“干克利”，上山可当绳子用，过江亦可做挂在溜索挂钩上的托带。

④汉·班固：《白虎通德论》江安傅氏双鉴楼藏元刊本，上海：上海古籍出版社，1990年影印本。

Dvfleq ceef

Dvfleq ceef tee Ga’liqgul sai, Daildai lilka nijjuq gozolggee gge Dvfleqjai loq loq zzeeq, gainiefsseeggv me te cheerheeq seil ddeekvl loq ddeeggee rheeq tee bbei ddeeq ggee yeel muqdiul jji me bie. Dvfleq ceef gai seil teyif gge miq me jju, wuduwuq lerq gge miq seil zzeeqgv gge jjihoq miq gguq zul, “Dvfleq”“Dimaq” cheehu miq.Ebbeisherlbbei “Qeqsseiq” “Qeqzee” “Quqzee” “Qeqpal” “Quqlof” “Cial” cheehu lerq.Ddaddaq gge guefja loq la zzeeq.Dvfleq ceef tee Zuguef xikee zuil nee gge miqceef waq, 7310 ddaq dal jjuq me (2021 N tejil).Dvfleq geezheeq seil hailzail yuxil zailmiai yuceef loq yi, Dvfleq geezheeq loq yuceef cheegel cuq cheerheeq gge xiqtail jjaiq ddeehu teif jju.

Dvfleq ceefbba’laq chee Zuguef gof miqceef bba’laq loq yailsheel lvq ssua gge ddeesiuq waq, Dvfleq ceef gge biazheel ggvzzeiq la waq. Ebbei sherlbbei tei’ee jeldiu gol nee liuq seil, Dvfleq ceef jjaiq sherq gge ddeezherl loq chee zzerqpiel, ceesaiq ee cheehu nee bba’laq malma, me cerl bbei kotvq gol nee teiq hai yi, ggumu gai teiq terlter, kotvq ddeebbif muqdiul teiq ji, muftai teel go erq nee gogoq bbei teiq zee. Yuaiqdail gge tei’ee loq nee sel gge “Qeq” zeel chee ko nilniq gge waq. Ci dail gge tei’ee loq nee sel seil: “Qeq sseiq……sso’quf gv’fv saq, peiq bba’laq dder muq, lei geel, keebbe ddol. Milquf er quai chee, peiq bba’laq muq.……Jjuq gv aiqko loq zzeeq gge la jjuq melsee, zzerqpiel muq, ceesaiq sai teeq, ebbei sherlbbei xi nifniq.” “Ggumu cher me ddu, zzerq piel ddeeq gge nee bba’laq bbei, heiko sherko jju, ser heikvl zzeeq.” Nibbif bbei “zzerqpiel bba’laq muq” sel sel ye, nal <Huaiqci zheeqgul tvq> nef <Yuiqnaiq tezheel ga> gge kefbei tvqxail gol nee liuq seil, yiyi ssua yai.<Huaiqci zheeqgul tvq> loq “Qeq sseiq” bba’laq muq lei geel, Dvfleq ceef nee teiq pi muq ddu gge bba’la gol me nilniq ssua.<Yuiqnaiq tezheel ga> loq seil “zzerqpiel muq, ceesaiq sai teeq” bbei teiq hual xai, nal chee la seeddv bbel ceeq gge dal waq zome. Dvfleq jai chee bbee jjeq yeel, tvqhual hual meif la xi nee sel gguq zul bbei hual ddeeggv dal jju seiq.

Ci caq Xal Huq nee berl gge <Nvlqeq baingail xaiqciq> loq, tee wuduwuq nee milddo bbel ceeq, Dvfleq ceef gge bba’ laq sher teiq berl xai. Dvfleq ceef ddiuq jjaiq hof see peiq kuq tv, jaidai bbei peiq ddaq gvl. Sa la jjuqgv ddaiqkol nee zzeeq gge sa zzerq ee sheel bbil keeq daiq, sa cher, sa jjerl, sa bi’ liq, sa jel, bbil seil yuaiqshee gge peiq ddaq zo nee sakeeq ddaq peiq bie. Peiq ddaq tv bbil seil, Dvfleq ceef sso gainief seil “tobvl ddeepeil mailkotoq nee pi, wai’ laq ggeqdol yiqlaq muftai nee gai keel bel nvlmei gv nee teiq zee. Wai’ laq sseetei cherl, yiq juq dvqlv zee.” Mil seil “tobvl sherq nipeil nee kotvq nee maigv dvllv tv bbei pi, waidaq nee yiqdaq ju gai heq bbel nvlmei gai nee zee.” Dvfleq ceef gge “Dvfleq tai” chee ebbei sherlbbei gge pizo gol nee ceeq gge waq. Dvfleq ceef wuduwuq ddaq gge tiaqveiq peiq tobvl zeiq, cerl me dder, ddaq bbelceeq gge peiq sseipeil gai delde bbil taizee ddeekual bie, lei dderq bbei ggumu gv teiq pi seil, nvlmeigv nef ggeesee bbei me qil seiq. Laq’ o muqdiul jji, kee gol kvqlvl zee, cebbei muq tee jjuq ddo loq lol heeq, mee kuel cer’ qil gol liu’ liuq bbei la bba’ laq liulliu tal. Dvfleq tai ni’ leil ggv bba’ laq bbei, meekvl galzo bbei tal, miqceef teifseif jjaiq jju.

20 sheelji liulzherl cheerheeq, Dvfleq ceef xiddeef “selddoq daqzo” ddeesiuq jju mel see, serdodo nee ddaldda pil, ggeqdol ko’ lo ddeeko jju, erq tei cuai yi, erq seil teel gol teiq zee, dodo muq teiq chee seil gaijuq teiq daq mai, sso nef mil me jju bbei chee waq. <Befhu teyil> loq nee sel gge “weiq” sel bba’laq tee cheesiuq gol sel neeq keel yai: “Tailgv cheerheeq, ceesaiq ee muq, gai daq mail me daq.” Gai terlter bba’ laq dder ddeesiuq bbei la liuq tal.

Gai seil Dvfleq ceef meelpeil kvqlvl nef meelzherl keezee ddeesiuq jju mel see, dolceel jji seil kee ddaibbaiq aiqbbeq kvlkv gvl yeel, kvqlvl gogoq seil keepiq gol bbei mai me tal seiq. Dvfleq ceef gge peiq kvqlvl “gai keq lil” chee, jjuq ddo erq bbei zeiq tal, yibbiq lol seil lol erq gol chee zo bbei tal mel see.

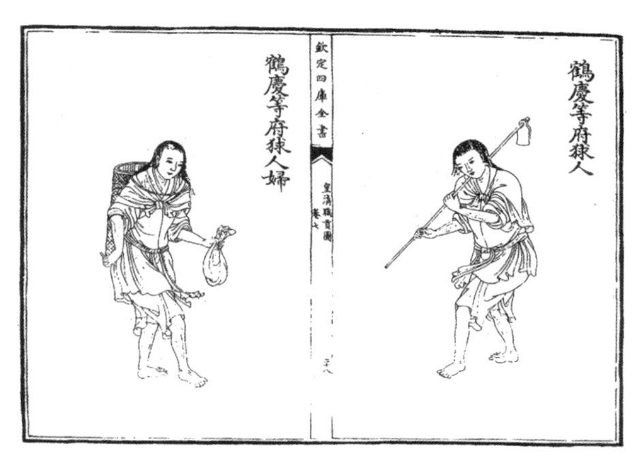

◆〔清〕傅恒等奉敕编:《皇清职贡图》之“俅人”(见“钦定四库全书荟要”《山海经·皇清职贡图》183—706页,长春:吉林出版集团有限责任公司,2005年版)

◆〔清〕阮元、伊里布等修,王崧、李诚等纂《云南通志稿·南蛮志·种人》,道光十五年刻本图像,112册(云南省图书馆藏)

◆ 独龙族围兜下体的“能布连特”(怒江傈僳族自治州贡山独龙族怒族自治县,约1958—1965年,云南民族调查团摄,刘达成供稿)

◆ 约1958—1965年,独龙族家庭(刘达成供稿)

◆ 约1958—1965年,独龙族的日常生活(刘达成供稿)

◆ 独龙江峡谷里独龙族的日常生活(怒江傈僳族自治州贡山独龙族怒族自治县,2007—2012年,尤明忠摄)

◆ 男女独龙毯的各式穿服（怒江傈僳族自治州贡山独龙族怒族自治县，2007 年，尤明忠摄）

◆ 独龙族剽牛仪式（怒江傈僳族自治州贡山独龙族怒族自治县，彭义良摄）

男装

独龙族男子的服装，最具有特色的仍是那条胸前背后披裹式穿服的自织条纹麻布“独龙毯”，显示出粗犷豪放的风格和古朴原始的风貌。

过去，独龙族男子的胯部系一麻绳，用自织的一小块麻布，围兜住下体，称“能布连特”。小孩有的下身仅围挂一点麻布片或系挂上一块三指宽的小木板或竹板（“新便其列”），或用藤篾编成小篓，套挂在男孩的“小鸡鸡”上。现在，独龙族男子服装多已汉化，唯老年人还会习惯性地披裹一条独龙毯。

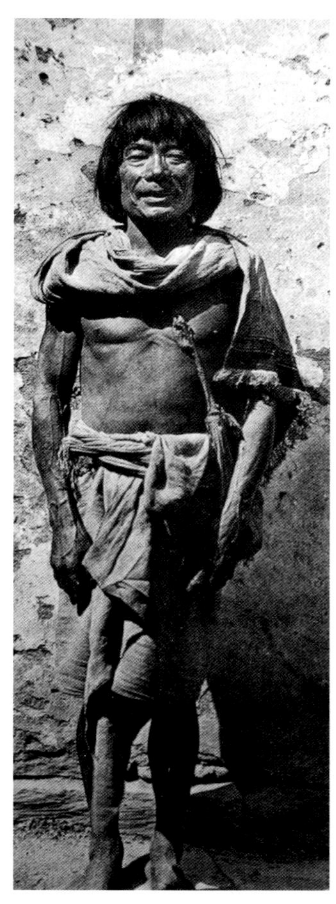

◆ 独龙族男子服式（俅江即独龙江，约1930年，约瑟夫·洛克摄。见洛克：《中国西南古纳西王国》，刘宗岳等译。昆明：云南美术出版社，1999年版）

◆ 男子服式（怒江傈僳族自治州贡山独龙族怒族自治县，约1958—1965年，云南民族调查团摄，见云南美术出版社编：《见证历史的巨变——云南少数民族社会发展纪实》。昆明：云南美术出版社，2004年版）

◆ 身穿独龙毯和“能布连特”、佩兽皮包的独龙族老人（怒江傈僳族自治州贡山独龙族怒族自治县，约1958—1965年，云南民族调查团摄，刘达成供稿）

◆ 约1958—1965年，独龙族青年（刘达成供稿）

◆ 直到现在，一些独龙族男子还延续着穿服“能布连特”的风习（怒江傈僳族自治州贡山独龙族怒族自治县，1984年，尤明忠摄）

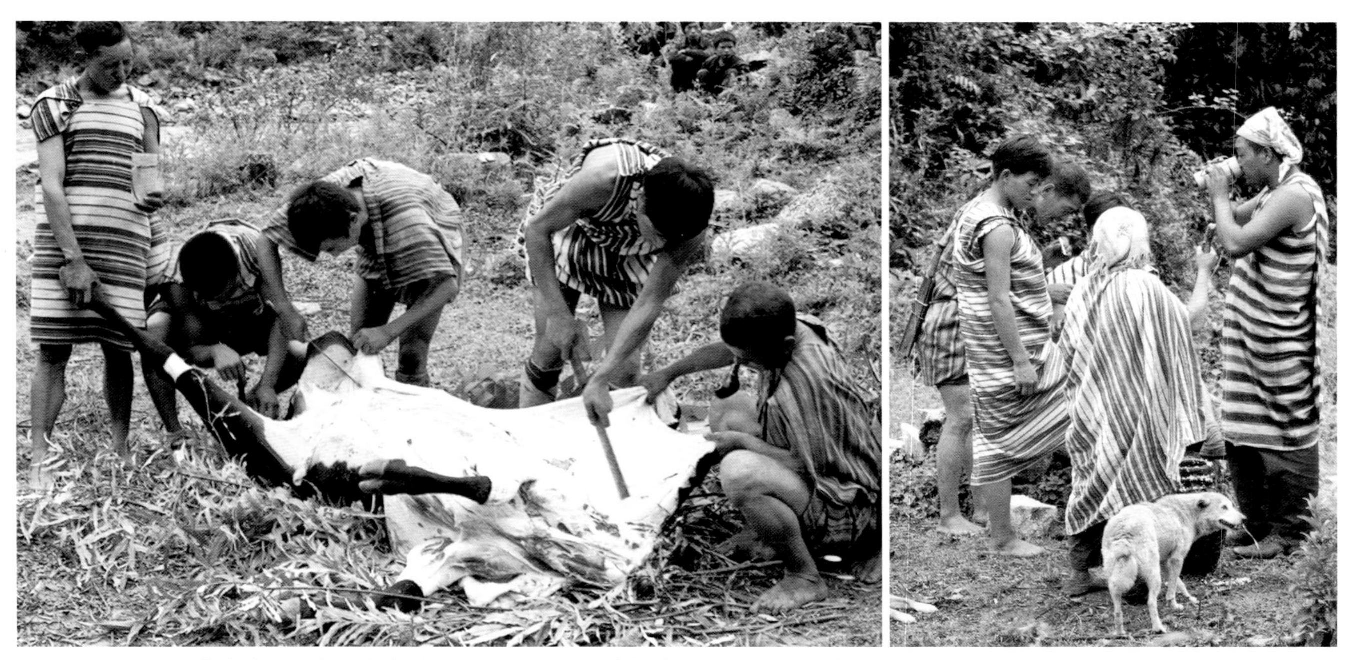

◆ 男子独龙毯的各式穿服（怒江傈僳族自治州贡山独龙族怒族自治县，1984年，尤明忠摄）

女装

独龙族传统女装也是披裹式“独龙毯”，以竹针拴结。

独龙族旧有“挂木”之说，即指女孩在未成年（15 岁）以前，只能以一块木板或麻片遮住阴部，以为保护。当地民族民俗工作者说，直到现在，在独龙江偏僻一些的寨子，仍可看到独龙族妇女在使用这种遮阴板。

现在独龙族妇女内穿翻领对襟衫，下着长裤或长裙。一般而言，下游气候较热，妇女多穿长筒裙，上游偏冷，则较厚实。不过，独龙毯作为调节温差和族群认同的衣物，在独龙江地区仍然是一种标志性服式。

◆ 穿汉式内衣，披独龙毯的妇女（怒江傈僳族自治州贡山独龙族怒族自治县，约 1958—1965 年，云南民族调查团摄，见云南美术出版社编：《见证历史的巨变——云南少数民族社会发展纪实》。昆明：云南美术出版社，2004 年版）

◆ 约 1958—1965 年，独龙族的日常生活（刘达成供稿）

◆ 文面、裸身披独龙毯的母亲，独龙毯即便于哺乳，又可兜住孩子（怒江傈僳族自治州贡山独龙族怒族自治县，1984 年，尤明忠摄）

◆ 女子独龙毯的各式穿服，内有文面者（怒江傈僳族自治州贡山独龙族怒族自治县，1984 年，尤明忠摄）

◆ 独龙毯老妇穿服式样（怒江傈僳族自治州贡山独龙族怒族自治县，杨春禄摄）

◆ 改装型独龙族服装（怒江傈僳族自治州贡山独龙族怒族自治县，徐冶摄）

童装

独龙族儿童童装所见不多，婴幼儿时多裸身兜在母亲的独龙毯里。长大一些，可以满山跑了，方便行走的短衣裤是孩子们的常服。逢年过节，或举行保命的“所拿角”仪式，则需披上独龙毯，以让祖先或神灵认得需要保佑的孩子。

◆ 已经不小了，还是要待在母亲的独龙毯中（怒江傈僳族自治州贡山独龙族怒族自治县，1984年，尤明忠摄）

清代文献记录的独龙族的装束："其装束男女均散发，前垂齐眉，后披齐肩，左右则盖及耳尖，稍长，则以刀截之，两耳均穿，或系双环，或系单环，或以竹筒贯之。……男女颈项，无不喜系车碟烧料等珠为饰，有系至十数串者。"[⑤]"俅人，男女皆披发，徒面苍黑，不知栉沐。树叶之大者为衣， 耳穿七孔，坠以木环。"[⑥]

现在独龙族男子饰品不多，扎一块条纹头巾，戴一个大耳环，把独龙毯别出心裁地披裹一下，佩刀或弓弩在肩，即可显示出一种古典的英武帅气。

对于女人来说，发箍、耳环、项链、臂箍和手镯，都是一代代流行的饰品，连编制精细的腰篓，作为勤劳的现实表征，也可以成为她们佩饰的一部分。文面是独龙族妇女旧时的自体装饰，一般十二三岁即文面，清代文献说独龙族多"面刺青纹"[⑦]。文面的原因"据说是怕被察蛮（即西藏察瓦龙藏族土司）拖走用以偿牛债，怕傈僳拖去尸骨当钱粮。"[⑧]文面习俗因居地而有所不同："下江一带妇女，则惟刺上下唇。江尾曲傈杂处，妇女概不刺面。"[⑨]现在则流行花卉装饰的头箍了，在新款的独龙毯上，更装饰了许多时尚的东西。

独龙江峡谷蛇虫较多，在民间信仰中认为峡谷阴气重，所以，独龙族会在孩子胸前挂系麝香（獐）皮、鹿子尾尖、菖蒲之类的项饰，据说可避邪秽和毒蛇。

⑤〔清〕夏瑚：《怒俅边隘详情》，见方国瑜主编：《云南史料丛刊》第12卷，149页。昆明：云南大学出版社，2001年版。

⑥（光绪）《丽江府志稿》卷一。

⑦〔清〕余庆远：《维西见闻纪》。见方国瑜主编：《云南史料丛刊》第12卷，65页。昆明：云南大学出版社，1998年版。

⑧陶云逵：《俅江记程》。

⑨〔清〕夏瑚：《怒俅边隘详情》，见方国瑜主编：《云南史料丛刊》第12卷，149页。昆明：云南大学出版社，2001年版。

◆ 头巾、耳环和与身相随的佩刀，显示了独龙族男子的英武气质（1988年，刘建明摄）

◆ 刘达成供稿

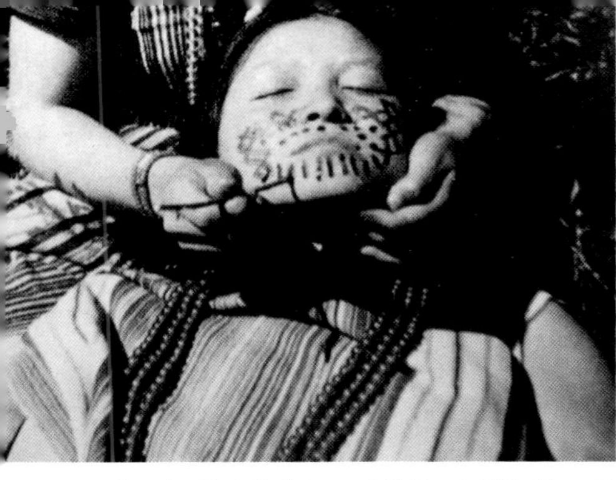
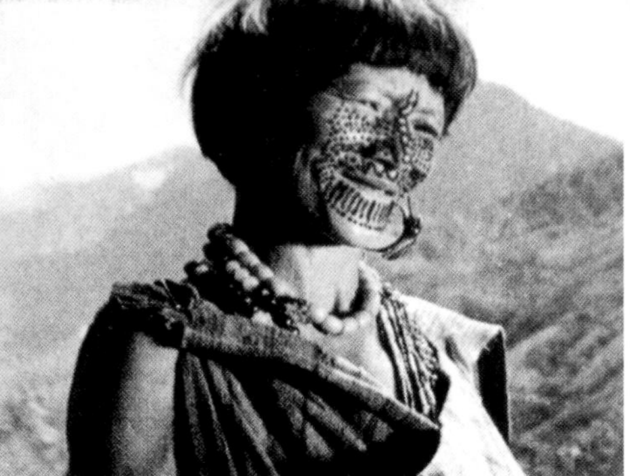
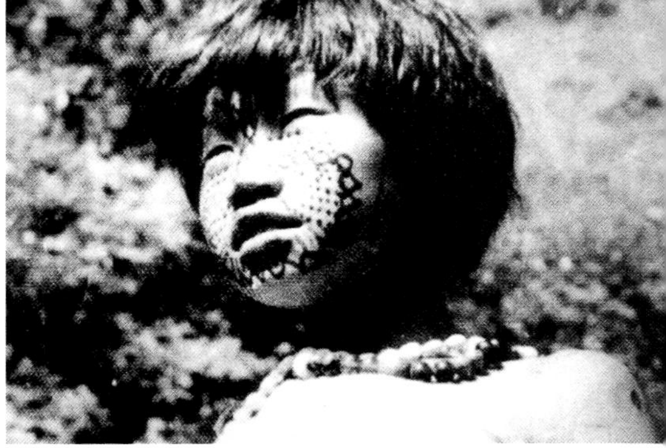

◆ 文面（独龙江，1950—1960 年，云南民族调查团摄，见云南美术出版社编：《见证历史的巨变——云南少数民族社会发展纪实》。昆明：云南美术出版社，2004 年版）

◆ 文面（怒江傈僳族自治州贡山独龙族怒族自治县，2005 年，杨克林摄）

◆ 独龙族女子的串珠项链（怒江傈僳族自治州贡山独龙族怒族自治县，1984 年，尤明忠摄）

◆ 正在过藤篾溜索的独龙族姑娘，编制精细的腰篓是她佩饰的一部分（怒江傈僳族自治州贡山独龙族怒族自治县，石伟摄）

◆ 文面是独龙族妇女旧时的装饰，现在则流行花卉装饰的头箍了（昆明，2010 年，邓启荣摄）

◆ 发箍、耳环、项链、臂箍和手镯，成为新一代独龙族姑娘所爱，连新款独龙毯上，也装饰了许多时尚的东西（1988 年，刘建明摄）

哈尼族

哈尼族的历史渊源，民族学和历史学界有东来说、多种文化融合说、红河两岸土著说、氐羌系统南迁说等。见于汉文史籍中的历史名称，秦汉时期称“昆明叟”，魏晋南北朝时期称“乌蛮”，唐南诏、宋大理国时期称“和蛮”，元朝称“斡蛮”“斡泥”，明朝称“窝泥”“和泥”，清朝称“和泥”“窝泥”“禾尼”等，现主要分布于云南南部，为云南较大的世居民族，也是中国人口最多的少数民族之一，2021年统计时已有人口173.31万余人。哈尼族有很多自称：“哈尼”“雅尼”“碧约”“卡多”“豪尼”“白宏”（或“和泥”）“多尼”“海尼”“和尼”“卡别”“峨努”“阿木”“奕车”“布都”“多尼”等，他称有“僾尼”“阿卡”“多塔”“阿梭”“布都”“罗缅”等。古代文献称哈尼族为“和夷”“和蛮”“和泥”“禾泥”“倭泥”“俄泥”“阿泥”“哈尼”“斡泥”“阿木”“罗缅”“糯比”“路弼”“毕约”“惰塔”“卡堕”“窝泥”等。哈尼族善营山地稻作，其创造的红河哈尼梯田已经成为举世闻名的自然人文景观，并成功申报为世界遗产。哈尼语属汉藏语系藏缅语族彝语支，内部分哈（尼）僾（尼）、碧（约）卡（多）、豪（尼）白（宏）三种方言和若干土语。吉祥物是白鹇鸟。

关于哈尼族的服饰，明代文献述：“窝泥……丧无棺，吊者击锣鼓摇铃，头插鸡尾跳舞，名曰洗鬼，忽泣忽饮。”[①] 清代文献述：“窝泥……男环耳跣足，妇衣花布衫，以红白锦辫发数绺，海贝杂珠盘旋为螺髻……”[②]“卡堕……男女穿青布短衣裙裤。”[③]“窝泥……编麦秸为帽，以火草布及麻布为衣，男女皆短衫长袴。”[④] 看刻本图像，“窝泥”穿的是中衣长裤，包头或戴笠；“卡堕”似为右襟衣，齐膝裤，赤足，披羊毛披肩；而“罗缅”男服短衣齐膝裤，女着短衣百褶裙。

哈尼族纺织缝染工艺发达，基本以自织自染靛青土布服装为主。服装款式很多，有短衣短裤、短衣长裤、短衣百褶短裙、长衣长裙等，式样各异。

绑腿是南部哈尼族的特色服式。这一带山林棘草丛生，山野之中各类毒虫、蚂蟥孳发。所以，无论穿裙还是着裤，皆喜扎绑腿，既防荆棘，又

①〔明〕《滇志》卷三十。

②〔清〕阮元、伊里布等修，王崧、李诚等纂：《云南通志》卷二十七，道光十五年刻本。云南省图书馆藏。亦见方国瑜主编：《云南史料丛刊》第13卷，365页。昆明：云南大学出版社，1998年版。

③〔清〕阮元、伊里布等修，王崧、李诚等纂：《云南通志》卷一百八十五，道光十五年刻本。云南省图书馆藏。亦见方国瑜主编：《云南史料丛刊》第13卷。昆明：云南大学出版社，1998年版。

④〔清〕傅恒等奉敕编：《皇清职贡图》之“窝泥蛮”。见“钦定四库全书荟要”《山海经·皇清职贡图》183—709页，长春：吉林出版集团有限责任公司，2005年版。

防毒虫噬咬，冷时可御寒保暖，而且远行山路时小腿部不易疲劳。红河沿岸哈尼族还有一种木屐叫“阿支色诺”，用软质木材砍削而成，下有两齿，俗称“板凳鞋”，与日本木屐相类。屐前穿系一丫形结绳，夹在大脚丫里，即可行走。

Haniq ceef

Haniq ceef sseiq nee ceeq sel bbee seil, miqceef xof nef liqshee xof bbei neeq xi nee selzo sseicerf sseisiuq jju: nimei tv nee ceeq zeel, jjaiq nisiuq veiqhual gai holho bbel ceeq zeel, Huqhoq nibbif gge zzeeq xi waq zeel, Di’ qai nee meeq bber bbel ceeq zeel cheehu jju. Ebbei sherlbbei tei’ ee loq jelddiu jju. Ciqhail chee rheeq “Kuimiq se” sel, Weilzil naiqbefcaq chee rheeq “Wumaiq” sel, Taicaq Naiqzal, Sulcaq Dalliguef chee’ rheeq “Hoqmaiq” sel, Yuaiqcaq “Womaiq” “Woniq” sel, Miqcaq “Woniq” “Hoqniq” sel, Cicaq “Hoqniq” “Woniq” “Heqniq” cheehu sel. Eyi zeeyal seil Yuiqnaiq sinaiq bvl zzeeq, Yuiqnaiq ddeeq ssua gge Sheelju miqceef waq, xikee zuil bbeeq gge Zuguef saseel miqceef ddeehual waq, 2021 N tejil mei 173.31 mee hal jjuq seiq. Haniq ceef wuduwuq sel gge miq jjaiq ddeehu jju: “Haniq” “Yaniq” “Bifyof” “Kado” “Haqniq” “Befhuq” “Doniq” “Hainiq” “Hoqniq” “Kabif” “Oqnv” “Amuf” “Yiqce” “Bvldv” “Doniq” cheehu bbei waq. Bif xi nee lerq gge seil “Ngailniq” “Aka” “Dotal” “Aliq” “Bvldv” “Loqmiai” cheehu jju. Ebbei sherlbbei gge tei’ ee loq Haniq ceef gol “Hoqyiq” “Hoqmaiq” “Hoqniq” “Woniq” “Oqniq” “Aniq” “Haniq” “Wolniq” “Amuf” “Loqmiai” “Nolbi” “Lulbi” “Bifyof” “Doltaq” “Kadol” “Oniq” cheehu sel. Haniq ceef jjuq gv nee xiq dvq ee, teeggeeq nee jjuqbbeq nee malma gge Huqhoq Haniq titiaiq chee ddiuqloq miqzzeeq seiq, sheelgail yiqcai bie seiq. Haniq geezheeq seil hailzail yuxil zailmiai yuceef yiqyu zhee loq yi, faiyaiq seil Ha(niq)ngail(niq), Bif(yof)ka(do), Haq(niq)bef(huq) seesiuq jju, chee bbvq me nilniq gge geezheeq tvyu jjaiq ddeeni siuq jju melsee. Jifxaiq’ vf seil fvheeq waq.

Haniq ceef gge muggvqjjiq gol Miqdail tei’ ee loq seil ce bbei teiq berl: “Woniq……xi shee haiqdal me zeiq, xikai gver’ lo heel ber’ ler hulhu, gu’ liu gv aiqfv teiq cul yi coco ggegge, ceeq bvl neeq meq zeel, ddeekaq lei ngvq ddeekaq lei teeq.” Ci dail tei’ ee loq nee berl seil: “Woniq……sso heikvl zzeeq keebbe ddol, mil bba’ laq zzaiq muq, sikeeq xuq nef perq gge nee gvjuqbal gol teiq pieq, bbaiqmai liu’ liu cheehu nee neelnee bbil gv’ fv gol teiq cul……” “Kaqdol……sso nef mil bbei tobvl bie gge bba’ laq dder muq terqlei geel.” “Woniq……xiq’ o nee gumuq pieq tai, jjuqberl tobvl nef peiq nee bba' laq cerl, sso nef mil bbei bba' laq dder muq lei geel. Tei' ee loq gge tvqsiail liuq seil, "Woniq" nee muq gge bba' laq ddeemaiq sherq, lei sherq geel, gvzee zee me waf sei labbaf to' lo tai; "Kadol" seil yiqlaq juq nee kelke gge bba' laq muq, maigvq dvllv kee tv gge lei geel, keebbe ddol, yuq' ee pi; "Lomiaiq" sso seil bba' laq dder muq, maigvq dvllv kee tv gge lei geel, mil seil bba' laq dder muq ddvqddv bbeeq gge terq geel.

Haniq ceef tobvl ddaq tobvl ssal ee, tobvl bie wuduwuq ddaq wuduwuq ssal bba' laq cerl.Bba' laq sheelyail bbeeq, bba' laq dder lei dder jju, bba' laq dder lei sher jju, bba' laq dder ddvqddv terq jju, bba' laq sherq terq sherq jju, ddeesiuq nee ddeesiuq gol me nilniq.

Kee ddaibbaiq kvqlvl zee tee meeq juq zzeeq gge Haniq ceef nee dal jju. Chee loq zzerq bbeeq ssee bbeeq, jjuqgv ddaiqkol bbiddiq kuaq nef biul dal waq.Chee zeeggeeq nee, terq geel lei geel me gua kvqlvl zee ser, bbiddiq nee kai me mai, qil gol la kua, seiqmei jjuq ree jji kee me gaq. Huqhoq nibbef gge Haniq ceef "Azhee seifnof" sel gge ser ssa ddeesiuq geel ddu mel see, ddeemaiq bbernerl gge sernaq nee ciulciu malma, muftai hee ni' liu zzee, "baideil ssa" bbei la sel. Ssa gaijuq zzerqlaq caca bie gge erq ddeekeeq zee, keemei gol teiq ggaiq yi seil jjijji tal seiq.

◆〔清〕傅恒等奉敕编:《皇清职贡图》之"窝泥蛮"(见"钦定四库全书荟要"《山海经·皇清职贡图》183—709 页, 长春: 吉林出版集团有限责任公司,2005年版)

◆〔清〕阮元、伊里布等修, 王崧、李诚等纂《云南通志稿·南蛮志·种人》, 道光十五年刻本图像, 一一二册(云南省图书馆藏)

◆ 不同性别和年龄在装束上有所区别（普洱市，1922年，约瑟夫·洛克摄，美国哈佛大学图书馆网页）

◆ 哈尼族僾尼人妇孺服装（普洱市澜沧拉祜族自治县，1936年，芮逸夫摄）

◆ 哈尼族僾尼人和他们的山村（西双版纳傣族自治州，2008年，徐晋燕摄）

◆ 哈尼族奕车人女子穿短衣短裤，这种短裤用靛青小土布制作，大腿上端以下全部裸露，臀部紧勒，以呈现丰满体形为美。这种服式，应是哀牢山区梯田文化的产物，因为这一带的梯田梯度较陡，长裤或筒裙都不便于行动（红河哈尼族彝族自治州，1993年，邓启耀摄）

男装

男子服装式样变化不多，一般扎黑色土布包头，包头需顺时针方向缠绕（给死者打包头则相反），老年人的包头比较朴素，年轻人则喜在包头上装饰羽毛、银泡、贝壳等。穿对襟或右襟上衣，两肋下方开衩，钉单数布纽扣，年轻人多加饰银扣子。传统男裤裤腰裤腿宽大，裤裆较低，穿着时裤腰需打折再系腰带。现在多穿西裤。过去习穿木屐、草鞋、棕鞋和布鞋。

◆ 男子内衣和外装（普洱市，1922 年，约瑟夫·洛克摄，美国哈佛大学图书馆网页）

◆ 哈尼族僾尼人男子服装（普洱市澜沧拉祜族自治县，1936 年，芮逸夫摄）

◆ 镶有圆形大银片的右襟短衣（西双版纳傣族自治州，约 1958—1965 年，云南民族调查团摄，见云南美术出版社编：《见证历史的巨变——云南少数民族社会发展纪实》。昆明：云南美术出版社，2004 年版）

◆ 穿对襟短衣长裤的老汉和穿大襟衫的老妇（红河哈尼族彝族自治州石屏县，2005 年，杨克林摄）

◆ 对襟短衣长裤（红河哈尼族彝族自治州元阳县，2005 年，刘建明摄）

◆ 赶街的哈尼族男子，身穿多件衣服（红河哈尼族彝族自治州红河县，1990 年，邓启耀摄）

◆ 僾尼男子斜襟和小襟坎肩短衣长裤（西双版纳傣族自治州勐腊县，2003 年，刘建明摄）

◆ 僾尼男子坎肩短衣长裤（西双版纳傣族自治州勐海县，2007 年，刘建明摄）

◆ 僾尼男子对襟坎肩短衣长裤（西双版纳傣族自治州，2000 年，邓启耀摄）

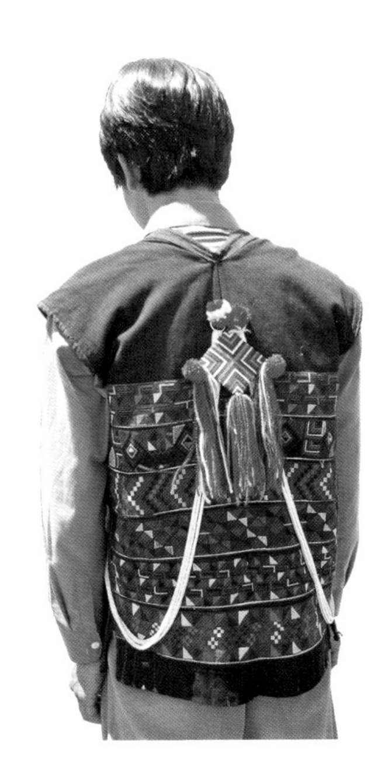

女装

妇女服装依地区和支系不同而变化万端。其中，头饰的式样尤其丰富，有简单的白布尖头帕，有别致的圆帽、尖帽和鸡冠帽，也有缀满银泡、羽毛和贝壳的包头，服装款式大致有短衣短裙式、短衣短裤式、短衣齐膝裤式、短衣筒裙式、短衣长裤式、长衣长裤式、长衣长裙式等。

短衣百褶短裙式

这类服式以西双版纳傣族自治州和思茅地区哈尼族支系僾尼女装最为典型。上装为无领开襟短衣和坎肩，内穿饰有银泡、短仅遮乳的胸甲；下装为百褶齐膝短裙，花腰带带头垂系于前，打绣花绑腿。唯头服各地差别较大，一般而言，少女戴帽，成年后改戴各式包头，有的状如覆斗，有的形似尖锥，有的像高帽，有的则用一件上衣披搭在头上。

◆ 跨越两个世纪的僾尼姑娘服饰（滇西南，19 世纪末，G.C. 里格比摄，见云南美术出版社编：《见证历史的巨变——云南少数民族社会发展纪实》。昆明：云南美术出版社，2004 年版）

◆ 短衣百褶裙（普洱市澜沧拉祜族自治县，约 1958—1965 年，云南民族调查团摄，见云南美术出版社编：《见证历史的巨变——云南少数民族社会发展纪实》。昆明：云南美术出版社，2004 年版）

◆ 哈尼族僾尼人妇女胸衣（普洱市澜沧拉祜族自治县，1936年，勇士衡摄）

◆ 哈尼族僾尼人老年妇女服装（西双版纳傣族自治州，2001年，邓启耀摄）

◆ 僾尼姑娘的短衣百褶短裙（普洱市澜沧拉祜族自治县，1992年，邓启耀摄）

◆ 哈尼族少女和未婚姑娘开襟短衣短裙（普洱市澜沧拉祜族自治县，1992 年，邓启耀摄）

◆ 僾尼人紧身胸甲短百褶裙女装（西双版纳傣族自治州勐腊县，2004 年，刘建明摄）

◆ 僾尼人对襟短衣百褶短裙女装（西双版纳傣族自治州勐海县，2007 年，刘建明摄）

◆ 僾尼姑娘开襟短衣百褶短裙（普洱市澜沧拉祜族自治县，2010年，李剑锋摄）

◆ 僾尼人少女开襟短衣短百褶裙（西双版纳傣族自治州，2009年，王文贵摄）

◆ 僾尼人开襟短衣短百褶裙（西双版纳傣族自治州，2000 年，邓启耀摄）

◆ 哈尼族僾尼姑娘胸衣（西双版纳傣族自治州勐海县，2000 年，邓启耀摄）

短衣长裙式

这类服装款式，可能是和当地民族互相影响的结果。有的明显类似于傣族的服装款式，有的上衣是典型的僾尼人式样，筒裙却与当地布朗族极为相似。

◆ 穿着与傣族服装极为相似的短衣筒裙的哈尼族姑娘（黑白照片手工上色）（昆明子雄照相馆摄，1956—1964 年，仝冰雪收藏）

◆ 短衣筒裙（西双版纳傣族自治州勐海县，曹子丹摄）

◆ 短衣围腰长裙（玉溪市新平彝族傣族自治县，1993 年，刘建明摄）

短衣短裤式

红河南岸奕车支系的女装，以别致的紧身短裤“拉八”和“拉朗”而异于所有民族。她们上衣穿着也很独特，外衣叫“却巴”，无领无襟，下摆呈半圆形，两侧呈圆形，开口，形似龟壳，故称“龟式裳”；上衣“却砻”亦无领无襟，仅在左侧镶以17个假布扣，着时微露右乳。

据奕车老人讲述，女子头顶尖帕“帕丛”梳独角，下着短裤穿四绳的服式，是一种“顶天立地”的象征。传说远古时天翻地覆，老祖穿上了这种衣服，就可以顶天立地，撑住天地不翻。又传说，远古时天上有5兄弟，东西南北中各住一人。老大是哈尼奕车，其余的弟弟依次为倮倮、濮拉、摆夷和汉人。后来天父分天分地，哈尼分到云南山西坡大海子那份天地，还叫他当头。可惜他不懂文字，当不好头，兄弟们不服，互相闹架，你打我、我打你。奕车打不赢，只好逃跑。因是夜里跑的，匆忙中只抓到一块白布顶在头上。追兵到处抓白帽子，花树把白帽变成茶花，躲过了追兵。白茶花救了奕车人，所以直到现在，奕车人还把象征白茶花的头帕顶在头上，而且禁止砍摘或食用白茶花。后来，奕车王子和救他的山羚女（山神的七公主）结婚，生了三男三女。山羚女让长大成人的儿女穿戴着父辈留下的尖顶白布巾和短裤去各地安家立业，以不忘旧事，开创新业[⑤]。

⑤ 毛佑全、李期博：《哈尼族》，民族出版社，1989年。

◆ 哈尼族奕车人姑娘的半臂短衣及紧身短裤（红河哈尼族彝族自治州红河县，2010年，刘建明摄）

◆ 哈尼族奕车姑娘的半臂短衣及紧身短裤（红河哈尼族彝族自治州红河县，2006年，杨克林摄）

长衣齐膝裤式

金平苗族瑶族傣族自治县哈尼族女子习穿自织青布衣，袖稍短，衣襟较长，加挑花围腰，下着齐膝裤，扎绑腿。

◆ 自称“诺比”的哈尼族，其女装上衣较长，下穿齐膝裤（红河哈尼族彝族自治州金平苗族瑶族傣族自治县，1990年，邓启耀摄）

短衣长裤式

这一服式在哈尼族各支系中较为流行，其中，哈尼男子多穿对襟上衣和长裤，以青布或白布裹头，并有多件叠穿的习惯，显示富有。妇女则穿右襟无领上衣，以银币为钮，下穿长裤。衣服的长肩、大襟、袖口和裤脚镶彩色花边，胸前挂成串的银饰。

红河哈尼族姑娘有的也佩戴鸡冠帽，其式样接近彝族鸡冠帽；有的妇女则戴一种额头正中缀满银泡、有弧线的三角形帽，似鸡冠帽而略有变化，十分别致，不落俗套。

◆ 哈尼族妇女右襟坎肩短衣长裤（普洱市江城哈尼族彝族自治县，2009年，邓启耀摄）

◆ 右襟短衣长裤（红河哈尼族彝族自治州元阳县，2008年，刘建明摄）

◆ 哈尼族妇女对襟短衣长裤（红河哈尼族彝族自治州建水县，刘建明摄）

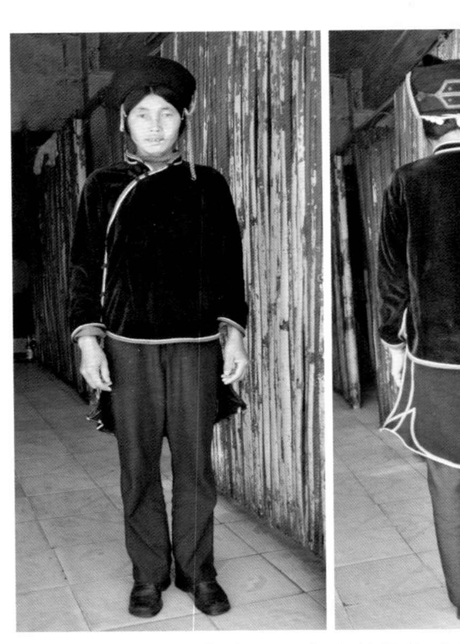

◆ 右襟短衣长裤（红河哈尼族彝族自治州红河县，曹子丹摄）

◆ 右襟短衣长裤（红河哈尼族彝族自治州元阳县，曹子丹摄）

◆ 对襟和右襟短衣长裤（红河哈尼族彝族自治州绿春县，曹子丹摄）

长衣长裤式

◆ 一百多年前卡多支系妇女的长衣（他郎厅——今墨江哈尼族自治县，1900年，H.R.戴维斯摄。见云南美术出版社编：《见证历史的巨变——云南少数民族社会发展纪实》。昆明：云南美术出版社，2004年版）

◆ 后襟较长，内穿裤，外有围裙（普洱市，1922年，约瑟夫·洛克摄，美国哈佛大学图书馆网页）

◆ 哈尼族妇女日常服装（墨江哈尼族自治县，1937年，勇士衡摄）

◆ 银泡镶缀的坎肩和靛染的长衣长裤（红河哈尼族彝族自治州元阳县，1993年，邓启耀摄）

◆ 银泡镶缀的坎肩和靛染的长衣长裤（红河哈尼族彝族自治州元阳县，2004 年，刘建明摄）

◆ 长衫长裤（红河哈尼族彝族自治州金平苗族瑶族傣族自治县，1990 年，邓启耀摄）

“两叠水”式

◆ 哈尼族女子“两叠水”式长衣的前襟平时挽于腰间，方便劳作（红河哈尼族彝族自治州红河县，2015 年，刘建明摄）

◆ 男女对襟短衣长裤（红河哈尼族彝族自治州绿春县，曹子丹摄）

◆ 宽袖长衣长裤（红河哈尼族彝族自治州元阳县，2008 年，刘建明摄）

◆ 青底“两叠水”式宽袖长衫长裤，前襟长，斜挽于腰间（红河哈尼族彝族自治州红河县，曹子丹摄）

◆ 白底“两叠水”式宽袖衣长裤，前襟斜挽于腰间（红河哈尼族彝族自治州红河县，2006年，石伟摄）

◆ 前襟挽于腰间的两叠水式衣（玉溪市元江哈尼族彝族傣族自治县，1995年，刘建华摄）

◆ “两叠水”式宽袖长衫长裤，前襟斜挽于腰间，后围较长（红河哈尼族彝族自治州元阳县，刘建华摄）

童装

哈尼族童装款式和装饰多样，依支系和区域而千变万化，归纳起来基本款式主要为短衣长裤式和短衣百褶裙式两种。一般而言，除僾尼人女孩穿短衣百褶裙外，其他支系和区域的哈尼族儿童多穿对襟和大襟短衣长裤。服装上被妈妈精心绣了许多图纹，缝缀各种银泡、银币、瓔珞和动物骨牙羽毛，大都有祈福求吉、驱鬼辟邪的意思。其中，圆帽上的饰品尤多。少年满十五岁，将围帽摘下，改扎包头；少女则在腰间系一对绣花缀穗的飘带。

◆ 女童装(普洱市,1922年,约瑟夫·洛克摄，美国哈佛大学图书馆网页)

◆ 哈尼族僾尼人男女童装（普洱市澜沧拉祜族自治县，1936年，勇士衡摄）

◆ 哈尼族僾尼人饰有红色绒球和金属物的帽子，孩子手臂上挂了一个小布袋，里面装有辟邪的东西(西双版纳傣族自治州勐海县布朗山乡，2010年，刘建明摄)

◆ 哈尼族儿童头饰（红河哈尼族彝族自治州元阳县，2002年，刘建明摄）

◆ 有银币和银链装饰的哈尼族僾尼人童帽（西双版纳傣族自治州，2002年，邓启耀摄）

◆ 哈尼族背小孩用的褙被两种（红河哈尼族彝族自治州元阳县，2002年，刘建明摄）

◆ 哈尼族小孩褙被上绣的癞蛤蟆图案，是为了防备后方来袭的邪灵（红河哈尼族彝族自治州金平苗族瑶族傣族自治县金河乡，1993年，邓启耀摄）

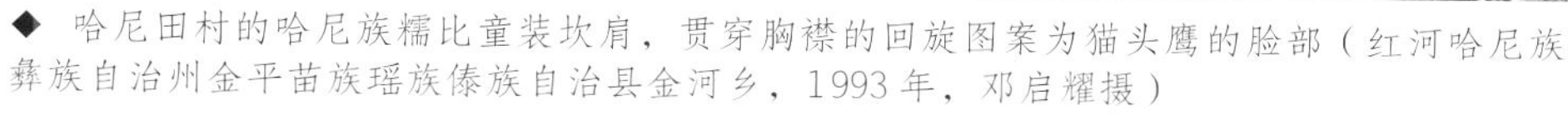

◆ 哈尼田村的哈尼族糯比童装坎肩，贯穿胸襟的回旋图案为猫头鹰的脸部（红河哈尼族彝族自治州金平苗族瑶族傣族自治县金河乡，1993 年，邓启耀摄）

◆ 幼儿短衣长裤（红河哈尼族彝族自治州元阳县，金保明摄）

◆ 女孩童装（红河哈尼族彝族自治州元阳县俄扎乡哈播村，1999/2004 年，耿云生 / 陈景摄）

◆ 哈尼族女孩童帽上的缨缕和银饰（红河哈尼族彝族自治州元阳县，2002年，刘建明摄）

◆ 哈尼族僾尼人两式童装：开襟长袖短衣和坎肩（普洱市澜沧拉祜族自治县，1992年，邓启耀摄）

◆ 哈尼族儿童右襟短衣宽筒裤（红河哈尼族彝族自治州元阳县，1993年，邓启耀摄）

◆ 哈尼族僾尼人童装（西双版纳傣族自治州勐海县格朗和哈尼族乡，2007年，刘建明摄）

◆ 女孩服饰（红河哈尼族彝族自治州元阳县，2005/2009 年，刘建明摄）

◆ 女孩头饰（红河哈尼族彝族自治州元阳县，2002 年，刘建明摄）

◆ 僾尼童装大致是成人的缩小版，区别主要在头饰（西双版纳傣族自治州，李剑锋摄）

◆ 哈尼族僾尼人童装与成人服饰的主要区别在头饰（西双版纳傣族自治州勐腊县，徐冶摄）

哈尼族服饰十分丰富，从花卉、藤蔓、骨牙、羽毛、昆虫，到玉石、贝壳、金属，无所不用。古代地方志描述："卡堕（哈尼族）……红藤腰箍缠腰。"⑥而"饰以海贝""穿海贝盘旋为饰"的记载亦屡屡可见。山居的民族喜欢贝壳，是一个颇有趣味的事。那种在古代作为货币流通的贻贝类贝壳，在哈尼族传统民俗中，成为证婚、葬礼的信物和契约，至今还在发挥作用。玉饰也很流行："和泥蛮……妇人头缠布，或黑或白，长五尺，以红毡索约一尺余续之，而缀海贝或青药绿玉珠于其末，又以索缀青黄药玉珠垂于胸前以为饰……"⑦

在哈尼族服饰中，象征天界的红色总是被顶在头上，因为天界由于阳光普照而红光耀眼。祭司身披的神授之衣是红色的，迎接天神时要面向日出方向，头顶的护天盖要用红布缠裹。

以昆虫为饰，一般不常见。西双版纳哈尼族僾尼人少女，喜欢在缀满银泡、羽毛、缨子的帽后，再镶缝上成排的青绿色昆虫，当地叫白木虫或绿壳虫。这种虫形似蝉，碧翠发亮，缀于帽上，与白色的银泡和红色的羽毛缀子，形成鲜明对比。这种昆虫据说很不易得，需夜里掌火去捉，然后送给心仪的姑娘。它们既是饰物，也是姑娘饰于头上的"情书"。

还有一些东西，是不同支系的哈尼族常常装饰在自己服装上的，这就是鸟羽和银饰。一些哈尼族认为自己是春燕的后裔，所以，他们的上衣腰部，仍留有形似燕尾的"批甲"（即妇女遮盖臀部的箭头形蓝布带）和"马乘"（男衣两肋下摆的开口）。与燕尾相配的神鸟服式，还包括头部的羽簇和缠裹于腰间的百褶布裙。

澜沧县僾尼人绣在衣服上的图案，回纹和"蕨叶形"纹比较多，他们说，这些纹路是老祖辈流传下来的，是僾尼人的标志。男人绣在胸前衣袋上，代表主外的男人可以面对一切；主内的女人绣在腰后，表示操持家中事务。"蕨叶形"纹据说是僾尼的文字。相传，神给各民族文字，汉人将文字记在纸上，僾尼人将文字记在粑粑上。僾尼人的祖先到半路肚子饿，就把粑粑吃了，僾尼人从此没有文字。这个人回来没法交代，只记得文字是些弯弯绕绕的东西，便凭记忆画出这些弯道道，让女人绣在衣服上，表示再不忘记这个教训。

元阳县哈尼族送葬女歌手"搓厄厄玛"为人送葬时，要佩戴一种叫"吴芭"的头饰。据当地著名大贝玛（祭师）兼歌手朱小和解释，这是给死者的魂魄引路用的。没有吴芭引路的魂是野魂，夭折、暴死者不用吴芭送葬，也不唱送葬长歌"密刹厄"。魂魄最后的回归地点，是"哈尼族第一个大寨惹罗普楚"，也就是吴芭右侧蓝色三角形所代表的地方。吴芭头饰的图

⑥〔清〕阮元、伊里布等修，王崧、李诚等纂：《云南通志》卷一百八十五，道光十五年刻本。云南省图书馆藏。亦见方国瑜主编：《云南史料丛刊》第13卷。昆明：云南大学出版社，1998年版。

⑦〔明〕陈文纂修：（景泰）《云南图经志书》卷四。见方国瑜主编：《云南史料丛刊》第6卷。昆明：云南大学出版社，1998年版。

形“记录”了从哈尼族远古祖先到现在的全部历史。

吴芭图形从左到右的含义分别是：白色的三组花纹，上半部是蕨纹，象征着哈尼族居住的地方是必有蕨类生长的温湿的半山区。下半部分是犬牙纹，因狗是哈尼族崇拜的动物，具有保护人类不受鬼神侵害的作用。哈尼习俗，安寨必杀狗，以狗血划定人和鬼的界限。这三组花纹代表哈尼族来到红河南岸哀牢山区后，基本处于和平宁静而又组织分散的时期。白纹左边的S形红线，表示哈尼族曾沿元江南下，直到今越南、老挝北部地区。与沿途的民族发生纠纷后，一部分哈尼族又溯江而上，一部分则留居该地，成为开辟这一地区的最早居民。左起（下同）第一个红色三角形，代表哈尼族祖先在“石七”（今云南石屏县）分成若干支队伍南进哀牢山区，开辟草莱，征服其他一些小部落的过程。红色代表着征讨和开创。第二个三角形有红、白、蓝、绿四色，这是代表哈尼族在“石七”与“蒲尼”民族大战的时代。第三个三角形，即最高的居中三角，代表哈尼族在“谷哈密查”（今昆明地区）与“蒲尼”大战的时期。这是哈尼族历史上最强盛发达的时期，故三角形也最高。但因为这也是哈尼族失败得最惨的时期，所以第二和第一个三角形就跟着矮下来了。第四个三角形代表哈尼族在“诺马阿美”（今四川省雅砻江、安宁河流域）生活的时期。这是哈尼族早期历史上一个发展的时期，颜色用蓝、白、红，蓝色为多，表示和平的时间很长。但也发生了大战，所以红色占了小半。第五个蓝色三角形代表哈尼族在“惹罗普楚”（大渡河以北，四川盆地与川西高原交界山区）生活的时期。哈尼族在这里第一次安寨定居，开发大田，度过了相当漫长、平静的生活。这是哈尼族形成的最初时期，所以人死后要回到这里和祖先们团聚。右边三组蓝色蕨纹和犬牙纹，代表祖先在远古时代的生活。蕨纹和犬牙纹的意思和左边一样。

吴芭的色彩象征：黑色的底子和红色的围边，代表哈尼族祖先诞生在北方的“虎列虎那”高山（即红石和黑石交错堆积的高山）。上部和下面一部分白色里层围边，代表哈尼族原先尚白，远古祖先的穿戴是白色的，下部蓝色里层围边，代表哈尼族在迁徙过程中和别的民族发生战争，失败后逃到板蓝根林里，衣服裤子被染成蓝色（所以现在哈尼族大多爱穿用板蓝根酿制的蓝靛染成的衣裤）。哈尼族第一次和别人打仗是从“诺马阿美”开始，所以这条蓝线也是从第四个三角形开始的。

吴芭的图形象征：五个三角形代表哈尼族是住在山上的民族，三角形上的树状图案代表哈尼族崇拜的万年青树。下面的两个半圆代表树根，中间的两个半圆代表树干，上面的三叉代表树尖。树根象征头人，最为重要；树干象征贝玛（祭师），树尖象征工匠。头人、贝玛、工匠是哈尼族社会最重要的三种人。在祖地“惹罗普楚”，三种人都是纯洁的。但是在向“诺马阿美”“谷哈密查”和“石七”迁徙的历程中，头人和贝玛受到别族的影响，所以掺进了其他颜色。只有工匠始终保持民族本色。到“石七”以后，三种能人才又纯净起来[⑧]。

⑧长石：《历史的迹化——哈尼族送葬头饰“吴芭”初考》，《山茶》双月刊，1988年2期。

流传地是云南元阳、金平、红河一带的哈尼族神话说：在很古很古的时候，世上只有白茫茫的雾露。不知过了多少年代，雾露下面现出一片大海，海里游着一条会生万事万物的金鱼娘。它的身子大得看不到边。它扇动鱼鳍，把雾露扫干净，露出蓝汪汪的天和黄生生的地。后来，它张开鱼鳞，抖出太阳神、月亮神、天神、地神、人神（男女各一），各种神又生出几代诸神，这时天上地下的神就多起来了。有了各种神灵，他们就来造天造地，把地柱支在金鱼娘的身上。头一根，支在它头上，不让它抬头；第二根，支在它尾巴上，不让它摇尾；第三、第四两根，支在它的两鳍上，不给它划水，这样地就稳了[9]。以鱼为饰，由此成为哈尼族重要的佩饰元素。而银泡、银坠和其他饰品，在哈尼族的衣装上，更是一种最常见的装饰元素了。

在哈尼族僾尼人那里，妇女一旦做了祖辈，儿孙满堂，无病无灾，凡到 60 岁左右，便可改戴一顶银泡围镶的“吴期”寿帽。寿帽四周有每组 105 颗银泡组成的图案。在僾尼人的信仰中，105 是个吉祥美满的极数。她们用 105 颗银泡组成各种图案，暗含着老人一生的希冀都已得到满足。僾尼男性长者，这时除了换一身蓝布新衣，头上的旧包布即可由一块红布代替。红色是神灵护佑的标志。包裹红色头布的老人，便成为族人敬仰的对象，在村寨里具有崇高的威望[10]。

⑨ 详见史军超、卢朝贵收集整理：《烟本霍本——哈尼族民间故事选》，上海文艺出版社，1989 年。

⑩ 杨万智：《衣装裹饰的人生》，《女声》月刊，1989 年 6 期。

◆ 缨子头饰（红河哈尼族彝族自治州，1994 年，邓启耀摄）

◆ 用绣片、银泡和绒线装饰的包头（江城哈尼族彝族自治县，2009 年，邓启耀摄）

◆ 鸡冠帽银泡头饰（红河哈尼族彝族自治州，徐晋燕摄）

◆ 鸡冠帽银泡头饰（红河哈尼族彝族自治州红河县/元阳县，2008 年，刘建明摄）

◆ 银泡头饰和包头（红河哈尼族彝族自治州元阳县/新平县/红河县，2006 年，刘建明摄）

◆ 哈尼族头饰（2007 年，李剑锋 / 刘建明摄）

◆ 老人的手镯、戒指和烟斗（江城哈尼族彝族自治县/元阳县，2009/2002年，邓启耀/刘建明摄）

◆ 耳饰（红河哈尼族彝族自治州，2008年，刘建明摄）

◆ 僾尼人胸饰（西双版纳傣族自治州勐腊县，2003年，刘建明）

◆ 僾尼人头饰、胸饰（普洱市孟连傣族拉祜族佤族自治县，2010 年，刘建明 / 李剑锋摄）

◆ 僾尼人头饰、胸饰和腰饰（西双版纳傣族自治州，2003 年，徐晋燕 / 刘建明摄）

◆ 奕车人银鱼胸饰（红河哈尼族彝族自治州红河县，2010年，刘建明摄）

◆ 奕车人银螺腰饰（红河哈尼族彝族自治州红河县，2010年，刘建明摄）

◆ 头饰、胸饰、手镯和花围腰（玉溪市新平彝族傣族自治县，1993年，刘建明摄）

◆ 奕车人披饰（红河哈尼族彝族自治州红河县，2010年，刘建明摄）

◆ 僾尼姑娘盛装（西双版纳傣族自治州，2010年，李剑锋摄）

◆ 僾尼人衣裙装饰（西双版纳傣族自治州勐海县，2010年，刘建明摄）

◆ 僾尼人头饰（西双版纳傣族自治州勐海县，2003 年，刘建明摄）

◆ 哈尼族送葬面具（红河哈尼族彝族自治州金平苗族瑶族傣族自治县，1990 年，邓启耀摄）

基诺族

基诺族自称“基诺”，意为“舅舅的后代”。其来源有土著说与南迁说两种，土著说根据是基诺族神话传说，南迁说认为基诺族可能是南下羌人中的一支，或诸葛亮南征时“丢落”的遗部。基诺族人口数约为2.6万余人（2021年统计数字），主要居住在西双版纳傣族自治州景洪市基诺山基诺族乡。从事山地旱稻农耕，因生态环境较好，兼采集，善种茶，基诺山为普洱茶六大茶山之一。基诺语属汉藏语系藏缅语族彝语支，无文字，晚近还使用树叶信和刻木记事。大鼓又称太阳鼓，为通灵神器，在基诺族神话中，兄妹藏身其中躲过洪水。

基诺族在古代汉、傣文献里称“攸乐”“丢落”“三撮毛”“罗黑派”或“倮黑”“卡诺”等。“三撮毛，即罗黑派，其俗与摆夷、僰人不甚相远，思茅有之。男穿麻布短衣裤，女穿麻布短衣桶裙。男以红黑藤篾缠腰及手足，发留左、中、右三撮……”[①] 现在，麻布短衣裤和麻布短衣筒裙的服式依然如故，只是男子的藤饰和发式已无。

基诺族创世神话叙述：还没有开天辟地之前，世界上只有水。不知是何年何月的一天，从水里浮出一个戴白色尖顶帽，身穿素白衣裙的创世女神，名字叫阿嫫腰白。“阿嫫”意为母亲，“腰”意为大地，“白”意为翻、做。全句直译为“做大地的母亲”。她浮出水面，飘上天空，空荡荡的天，使她找不到落脚处。于是，阿嫫腰白首先想造个地方落脚，但一时想不出办法，急得直搓手，无意中搓出的泥垢变成了大地。她落到地上，孤零零一人，又想造些人做伴，于是用泥和水造出了万物和人。人为遮阳避雨御寒，仿照“造物主”阿嫫腰白，缝制了白色的三角尖帽和衣裙。基诺族服装上的黑、红条纹花边等装饰，则来自于一个关于爱情的传说。[②]

基诺族不分男女，都穿横竖条纹的对襟短褂。由于布幅狭窄，衣背上部和衣袖都要拼接。前襟上部用直幅白布或条纹布，胯肩以下用一长幅条纹横布从前襟连接衣背下部围绕一周而成。在拼成衣袖的两块白布之间一般镶以几寸宽的条纹布和宽约一指的红布或花布。

①〔清〕阮元、伊里布等修，王崧、李诚等纂：《云南通志》卷一百八十起，道光十五年刻本。云南省图书馆藏。亦见方国瑜主编：《云南史料丛刊》第13卷。昆明：云南大学出版社，1998年版。

②参看标利、赵洪宝搜集整理：《条纹花与太阳花》，《山茶》1983年1期；《阿嫫腰白造天地》《阿嫫腰白》等，见《基诺族民间文学集成》，云南人民出版社，1989年版。

Jinol ceef

Jinol ceef wuduwuq "Jinol" sel, yilsee tee "ejul gge mail cherl" waq. Ddeehu nee sel seil teeggeq chee ddiuq xi waq, ddeehu nee sel seil yichee meeq nee bber bbel ceeq. Chee ddiuq xi waq sel chee Jinol ceef gge gvbee gol nee ceeq, yicheemeeq nee ceeq sel chee seil Jinol ceef tee meeq juq bber gge Ciai sseiq gge ddeezhee waq keel ye zeel, me waf meq zeel Zugoq Liail nee siulsiu chee cheerheeq pilpi bbil gge ddeehual waq zeel. Jinol ceef xikee 2.6 mee hal jjuq (2021 N tejil), zeeyal seil Sisuai bainaf Daiceef zeelzheel ze Jihuq sheel Jinol sai Jinol ceef xai zzeeq. Bvq lee nee xiq dvq, seitail huaiqji ddee ggv nee, peelpee ddvddv la bbei, leil dvq la ee, Jinol sai chee pv'er caq tv gge jjuq cual jjuq loq gge ddeejjuq waq. Jinol geezheeq seil Hailzail yuxil zailmiai yuceef yiqyu zhee loq yi, tei'ee zziuq mejju, gainief zzerqpiel nee konil nef ser gol ddv sher jeldiu cheehu jju me seel. Sernaq ddaggv gol nimei ddaggv bbei sel, heiqddiuq te gge ggvzzeiq bbei liuq. Jinol ceef gge gvbee loq nee sel mei, bbvqssee ggumei ddaggv loq nai yeel jjidderq gai nai zzaiq zeel.

Jinol ceef gol ebbei sherlbbei gge Habaq nef Daiceef gge tei'ee loq seil "Ye'lof" "Die'lof" "Saicoq maq" "Loqhef pail" "Lohef" "Kanof" sel bbei teiq jeldiu. "Saicoq maq tee Loqhef pail gol sel seiq, teeggeeq gge ddumuq Bbaiyi, Feiqsseiq golggee jjai me yiyi, Seemaq la jjuq. Sso'quf peiq bba'laq dder muq lei dder geel, milquf peiq bba'laq dder muq terq geel. Ssof seil huqnaq gge meel nee teel, laq nef kee gol zee ddu, gv'fv wai'laq juq, liulggv, yiqlaq juq seel zee bbei bbiu……" Eyi la peiq bba'laq muq terq geel teif waq, nal sso meel ggvzzeiq me zzeeq seiq.

Jinol ceef gge coqbbertv loq nee jai mei: mee neeq lee me jju chee rheeq, ddiuq loq jjiq dal waq. Ezee ddeeni waq me keke, jjiqbbi nee gumuq perq tai, bba'laq perq muq gge mil heiq ddeegvl tv, Amo yabef zeel miq. "Amo" chee emei gge yilsee waq, "ya" chee ddiuq gge yilsee waq, "bef" seil lol, bbei gge yilsee waq. Ddeezziuq bbei liuq seil "ddiuq loq gge emei bbei" sel gge yilsee. Tee jjitai nee muqdiul bbvq ceeq, ddaq bbel meegv tv, meegv ku la'la, keetvl gv me zzeeq. Amo yabef keetvl gv ddeegel malma naiq'vf mei, ddeekaq nee bee sseeddv me tv, jif neeq laq solso, me zilmi gv nee bi'liq bbel ceeq gge sherl nee ddiuq teiq bie heq. Tee ddiuq loq teiq xul, wuduwuq ddeegvl ssei go'lo, xi ddeehu malma zzee bbei naiq'vf, seil zzaiq nef jjiq nee xi nef ggvzzeiq malma. Xi chee nimei daq heeq daq herqil daq dder yeel, ddiuq malma xi gguq soq, gumuq quqqu perq nef bba'laq reeq. Jinol ceef bba'laq gol gge naq nef xuq gge reeree bbabbaq cheehu seil, sso nef mil piepieq gge beezee ddeedial jju mel see.

Jinol ceef tee sso neeq mil me jju bbei leizeeq leidderq reebbaq gge ssee'liu kelke bba'laq dder muq. Tobvl ddee ceeq nee, bba'laq gge ggeeddee nef laqyulko bbei zulzu dder. Bba'laq gaibbif gge ggeqdol seil leizeeq gge tobvl perq nef tiaqveiq bvl zeiq, kotvq bbvq seil tiaqveiq tobvl sherq ddeepeil nee leidderq bbei gaibbif nee gai eel'ee bbel ceeq, muftai cheetiu gol lei zulzu. Laqyulko seil tobvl perq nizherl gozolggee nee ddee ni cuil baq ggv gge tiaqveiq bvl nef laq ddee'liu baq ggv gge tobvl xuq me waf tobvl zzaiq ddeezherl keel.

◆ 在基诺族神话中，大鼓和人类创世纪故事相关。基诺族妇女的服饰，传说是模仿创世女神的样式做的（西双版纳傣族自治州，1993年，邓启耀摄）

◆ 基诺族筒裙很短，便于山地劳作（西双版纳傣族自治州，1993年，邓启耀摄）

◆ 基诺族自织“砍刀布”（西双版纳傣族自治州，2003年，刘建明摄）

服装

男装

基诺族男子上穿自织粗布（俗称“砍刀布”）缝制的开襟长袖短衣，叫“柯突”，无领无扣，用边上带彩线条的白色砍刀布制成。下着及膝短裤，裤子叫“勒作”，长腿宽腰，裤腰开口。衣背有一块用红黑两色绣的“太阳花”。包黑色包头，称“乌托”，或用包头布直接往头上缠绕，或把包头布叠成约 3 尺宽的条状，然后绕成圈状固定，做成一筒状。在包头布的一端均绣有花纹，或缀上一束情人送给的金龟子壳。

基诺族祭司“白腊泡”还有一种贯头式法衣称“吐拍”，这衣用一块一人长的黑布，在布的上方挖一个套头的孔，两边各挖一个袖洞，背部围拢，用固定在腰部的带子扎于后背。法衣长至脚面，下摆中间开衩。做仪式时内穿黑色衣裤，外面围上这种法衣，赤脚，头戴圆形法帽（称为“乌柯”），帽子的顶部正中缀有彩色的布条（主要是红布条）。帽子边沿靠耳部的地方，各缀有一团彩色的花穗，这些花穗随他主持“剽牛仪式”的次数增多而增加。帽子的后方，还缝 9 条双色布条，每根正反各用一种颜色，有黑、红、黄、白 4 色。布条长至膝弯，上面缀有贝壳。在帽子的边沿部分也缀有 3 行横行的贝壳，随祭司资格的变老可增至 6 行。资格越老，贝壳越多，使帽子都变成白色的了。所以歌里唱到老祭司时，总是唱“戴着白帽的白腊泡”。白腊泡除衣帽外，外出主持祭祀时，还要随身挎一个筒帕。筒帕的下角及上方都挂有花穗，在包的中间缝有一块绣着植物图案的布，布的上方缀有 3 道野绿谷，左右各缀有 3 颗竖行的贝，下方缀有 3 颗横行的贝。这一筒帕也是白腊泡随身携带的物品，待白腊泡死后必须随葬。除此外，白腊泡的法器还有一把黑扇，黑扇下也坠有一对花穗。白腊泡还需备两杆镖，一杆母镖有两面刀刃，常年供祭在家；一杆公镖只有一面刀刃，出外做仪式用[③]。

③ 刘怡、白忠明主编：《基诺族文化大观》86—87 页。昆明：云南民族出版社，1999 年版。

◆ 男子标准传统服装（西双版纳傣族自治州，2003 年，刘建明摄）

◆ 男子服装还保留传统式样的只有短衣，女子保留较完整（西双版纳傣族自治州，1993 年，邓启耀摄）

◆ 20 年后，男子服装基本没变，但开襟的短衣已经装上了纽扣或拉链（西双版纳傣族自治州，2003 年，刘建明摄）

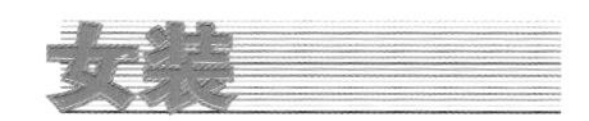

开襟短衣短筒裙式

基诺族传统女装是白色尖帕“乌壳”，上着无领圆口短衣“柯突”，短衣正面的下半部用红、白、黑、黄、青、蓝等7色布条拼成横条花纹，臂、肘、袖是对称的彩色条纹；内穿胸兜“刹白”，上半截绣花，下半截有夹层，夹层用白细布做成，可装钱物。下身穿用黑布和白砍刀布制作的筒裙，裙长过膝，成年则加饰一条短外裙；打绑腿。

白衣白帽是仿照创世女神阿嫫腰白的衣着。她创造了人，人也模仿她的衣装，穿上了白色尖顶帽和白衣裙。后来白帽白衣裙镶上了黑、红条纹花边。

◆ 交襟衣女装（约1958—1965年，云南民族调查团摄，见云南美术出版社编：《见证历史的巨变——云南少数民族社会发展纪实》。昆明：云南美术出版社，2004年版）

◆ 基诺族短衣筒裙尖头帕女装（西双版纳傣族自治州，2003年，刘建明摄）

◆ 基诺族短衣筒裙尖头帕女装(西双版纳傣族自治州，2003 年，刘建明摄)

◆ 女子节日盛装，已经加进了一些时尚的元素(西双版纳傣族自治州，2003 年，刘建明摄)

◆ 基诺族竹竿舞（西双版纳傣族自治州，1993 年，邓启耀摄）

◆ 基诺族少女（西双版纳傣族自治州，1993 年，邓启耀摄）

◆ 另式基诺族女装（西双版纳傣族自治州，20 世纪 90 年代，王艺忠摄）

童装

基诺族童装与大人基本相似，女孩一般在腰间扎一块布做围裙，男孩光腚或穿开裆裤。但需戴圆帽，用红线拴结，上缀姜、贝壳、狗骨头、一小块铁器等，或用白线把这些东西穿起挂在婴孩脖上，以避邪定魂。基诺儿童均要穿耳，将鲜花、香草插在耳孔里，并用细棍塞上，再慢慢把棍加粗，让孔逐渐扩大。

◆ 基诺族少年服式（正面、侧面、背面），看似差不多，但他们自己可以从胸兜的式样分辨出所属的不同村落（西双版纳傣族自治州基诺山，1993年，邓启耀摄）

◆ 在基诺族少女举行成年仪式时，女伴将举行成年仪式的少女捉住，送到竹楼里，由“姑娘头”给她围上一条套裙，表示告别童年，就可以到“公房”参加男女青年聚会了（西双版纳傣族自治州基诺山，1993年，邓启耀摄）

基诺族成人有文身漆齿的习俗，他们认为，如果一个人不文身，死后就不能进鬼寨与祖先会聚在一起，只能当野鬼。用红色和黑色藤篾缠系在腰部和手臂脚腕处，也是一种传统的装饰习俗，这在清代云南文献已经有记述（“男以红黑藤篾缠腰及手足”[④]）。另外，举行一些重大祭祀仪式时，也有男扮女装戴着笋壳面具跳祭祀舞的装束。

基诺族居山野，采集和狩猎曾经是他们生活的一部分。所以，基诺妇女喜欢在上衣里戴一心形胸兜，胸兜上部一般饰有几组二方连续图案，在图案的上下两边，再分别镶以宽约一厘米的红、白、黄、绿布条。如穿在外当围腰用，则在下部饰以银泡。下着齐膝短裙，膝下有护腿，头戴白底黑条纹的尖顶帽。基诺族老人这样“读”胸兜上的图案：上面是天，下面是地，中间是人。天往上凸，就像阿嫫腰白（基诺创世女神）出世时顶的“乌壳”；地在人下，平中有凸凹；人间是天地间的灵物，花样最多。地下像人模样长脚的，是祖先的魂，他们全部排在代表“地”的图案之下。

在基诺族的传说和信仰中，男人有九个灵魂，女人有七个灵魂，人死，这些魂就要顺着纹路往左走，左袖是天，是人死灵魂在的地方，是死路（以前到坟地做祭要用左手，东西倒着放）；右边是生路，人生活的地方。因此，挎包、胸兜图案上下两边所镶各色布条，便分别代表不同的祖先之灵：镶九条是纪念男性祖先，镶七条是纪念女性祖先[⑤]。

基诺族妇女的裙帽原是洁白素雅的，后来镶上了黑、红条纹花边；基诺族男子背上有太阳花纹，裤腰开口。它们都来自这样一个传说：有一对“巴里”（恋人），姑娘美丽，小伙忠厚。姑娘从小就喜欢一种名叫“妞阿博”的太阳花，小伙呢，就每天摘一朵送给她。后来，附近一家富人抢走了姑娘，逼她成亲。她不从，富人烧起火来威逼，并用火炭在她的白色三角帽上画了一下，留下几道黑印。为了挣脱捆在手腕和脚腕上的藤索，姑娘的血把裙边和袖口染出道道红印（这些黑、红条纹后来固定在基诺族妇女服饰上，象征忠贞不移的爱情）。小伙子得知姑娘被绑架，不顾危险夜闯牢狱，割断捆绑姑娘的藤绳。姑娘手脚被捆麻木了，无法行走，小伙就背起她逃出牢狱。富人来追，射中小伙的脚，危急时，天神车南尼变成老太婆来到小伙身边，把箭拔出，撕开小伙的裤腰，敷上草药（这就是基诺男子裤腰上开两个口子的原因），小伙得以背着姑娘继续逃跑。追兵渐近，小伙只好背着姑娘爬上大青树去躲避。姑娘为使小伙方便爬树，就把小伙子送的太阳花插在他背上，两手抓住他的肩膀，爬上了树。这时，追兵刚好追到大树下，突然间却变成一群山羊，站在树下痴痴呆呆地望着大青树。而树上此时却现出一道彩虹，姑娘沿着彩虹上天去了。小伙思念姑

④〔清〕阮元、伊里布等修，王崧、李诚等纂：《云南通志》卷一百八十起，道光十五年刻本。云南省图书馆藏。亦见方国瑜主编：《云南史料丛刊》第13卷。昆明：云南大学出版社，1998年版。

⑤黄寄萍：《基诺服饰图案初探》，《云南群众艺术研究》，1984年1期。

娘，便把姑娘留下的太阳花绣在衣背上（从此，多情的基诺男子人人都穿上了饰有太阳花纹的衣裳）。还有人说，男人衣背上的花，是女人留在男人身上的标记，她怕小伙子先死了，以后她到阴间找不着。有了标记才好找，因为这是她做的手工，她晓得样子。

基诺族男女老少出门都背挎包，挎包上也有图案和布条。

◆ 基诺族老年妇女文身（手臂和腿部）（西双版纳傣族自治州，1993 年，邓启耀摄）

◆ 盖新房时，要请祭司举行仪式，村里的小伙子男扮女装戴着笋壳面具跳祭祀舞（西双版纳傣族自治州，谭乐水摄）

◆ 猎枪和佩刀是基诺族男子显示男子气的装束（西双版纳傣族自治州，1993年，邓启耀摄）

◆ 基诺族挑花图案

◆ 基诺族妇女胸兜（西双版纳傣族自治州，1993年，邓启耀摄）

◆ 鲜花和竹棍耳饰（西双版纳傣族自治州，2003 年，刘建明摄）

◆ 男子胸上背上的装饰（西双版纳傣族自治州，2003 年，刘建明 / 李志雄摄）

◆ 女子背部和头帕织绣纹样（西双版纳傣族自治州，2003 年，刘建明摄）

◆ 女子胸兜上的银饰（西双版纳傣族自治州，2003 年，刘建明摄）

景颇族

景颇族有四个支系，分别自称“景颇文蚌”“文蚌景颇”或“董颇”（景颇支），“载瓦”（载瓦支），“龙峨”“浪峨”（浪速支），“勒期”“喇期”（茶山支）。他称有“山头”“大山”“小山”“浪速”“茶山”“翁弄”“阿普”等。古籍记载的景颇族先民，被称为“裸形蛮”“野蛮”“狼人”“野人”“寻传蛮”“峨昌”“结些”“遮些”等。景颇族跨境而居，在缅甸称“克钦”，印度阿萨姆邦称“新福”。

景颇族先民源于古代氐羌族群，原居青藏高原南部山区，7—9世纪沿横断山脉南迁。直到现在，景颇族每年正月十五的全民盛典“目脑纵歌”，都要在祭司“董萨”的带领下，按照“目脑柱”上回旋图案的指示，象征性地溯回祖地。被坝区民族称为“山头”的景颇族，主要生活在云南德宏傣族景颇族自治州海拔1500—2000米的山区，从事山地农业；人口有16.04万余人（2021年统计数字）；语言因支系不同而分属汉藏语系藏缅语族景颇语支和缅语支，文字有景颇文（创制于19世纪末）和载瓦文（创制于1957年）两种，系以拉丁字母为基础的拼音文字。

景颇族服饰，宋代文献记述其“……无农田，无衣服，惟取木皮以蔽形。”[①] 明代文献述：“赤发野人，无部曲，不识不知，熙熙皞皞，巢居野处，迁徙不常。状类山魈，上下以布围之，猿猴麋鹿皆与之游。”[②]“野人，居无屋庐，夜宿于树巅，……以树皮为衣，毛布掩其脐下。……采捕禽兽，茹毛饮血，食蛇鼠。”[③]“遮些，……衣仅盘旋蔽体。”[④]“结些……以花布裹头，而垂余布于后，衣半身衫，而袒其肩。”[⑤]“茶山、里麻之外，有一种野人，……以树皮为衣，……登高险如飞。男女渔猎为生，茹毛饮血，夜宿树上。”[⑥] 直到清康熙年间，描述景颇族服式的大多还是“木叶蔽身林作屋，授衣刮尽树头皮。”[⑦]

在景颇族的神话传说里，他们是太阳国儿子和龙女的后裔。传说，景颇族自先祖宁贯娃与龙女结合后，繁衍了无数后代，散处各地，互不往来。有一次，宁贯娃无意中看到刚从太阳国赴会回来的百鸟，在孔雀的率领下翩翩起舞，十分壮观。于是便偷偷学得此舞，传给后代，让他们定期

①［宋］欧阳修、宋祁撰:《新唐书》卷二二二上，南蛮上；见《二十五史》（影印本）第六卷，4802页。上海：上海古籍出版社，上海书店，1986年版。

②［明］朱孟震《西南夷风土记》，丛书集成初编本。

③［明］刘文征撰《天启滇志·羁縻志·种人》。见方国瑜主编:《云南史料丛刊》第7卷82页。昆明：云南大学出版社，1998年版。

④［明］刘文征撰《天启滇志·羁縻志·种人》。见方国瑜主编:《云南史料丛刊》第7卷81页。昆明：云南大学出版社，1998年版。

⑤［明］钱古训撰《百夷传》。见江应樑校注《百夷传校注》105页。云南人民出版社，1980年版。

⑥《滇略》卷九，转引自尤中:《中国西南的古代民族》383页，云南人民出版社，1980年版。

⑦康熙《永昌府志》卷二十七。

聚会，共同操演，以联结族人，沟通祖灵，不忘根本。通过这一年一度的“目脑”盛会，景颇族增强了认祖寻根的意识，更加团结了。在景颇族女子穿的黑色圆领窄袖上衣上，缀满银圆大的银泡，这些银泡就是传说中龙女身上的龙鳞。

Jipo ceef

Jipo ceef zheexil lulhua jjuq, “Jipo veiqbai” “Veiqbail jipo” “Depo” sel gge Jipo zhee ddeehual, “Zaiwa” sel gge Zaiwa zhee, “Leq’ oq” Lail’ oq sel gge Lailsuf zhee, “Lefqi” “La’ qi” sel gge Caqsai zhee. Bifxi nee seil “Saiteq” “Dalsai” “Siasai” “Lailsuf” “Caqsai” “Wenel” “Apv” cheehu bbei lerq. Ebbei sherlbbei gge tei’ ee loq seil “Loxiq maiq” “Yimaiq” “Laiqsseiq” “Yisseeiq” “Xuiqcuaiq maiq” “Oqcai” “Jifsi” “Zhesi” cheehu bbei sel. Jipo ceef tee biaigail lol bbei zzeeq, Miaidiail seil “Kefqi” sel bbei sel, Yildvl seil “Si’ fvf” bbei sel.

Jipo ceef gge epvzzee chee ebbei sherlbbei gge Di’ qai hual loq nee ceeq, Cizail gayuaiq meeq juq gge jjuqgv zzee, 7-9 sheeji Heiqduail sai jjuq nee yicheemeeq muq bber bbelceeq. Eyi gol tv la, bbuqcheekvl ceiqmei ceiqwa ni cheeni gge “mufna zulgo” bbei seil, zilsee “desa” nee see bbel, “mufna zul” sel gge dolrerq gol gge tvqngail gguq zul bbei, epvzzee kee lei wul keel yuyu bbei dder. Bbaikol zzeeq xi nee “saiteq” bbei sel gge Jipo ceef tee, zeeyal seil Yuiqnaiq Defhuq Daiceef Jipo ceef zeelzheel ze gge jjuqgv suaqnv 1500-2000 mi yi cheezherl loq zzeeq. Jjuqgv nee bbaqzul bbaqxi. Xikee 16.14 mee hal jjuq (2021 N tejil). Geezheeq seil hailzail yuxil zailmiai yuceef jipo yuzhee nef miai yuzhee loq yi, tei’ ee seil jipo veiq (19 sheeljil mail malma) nef zaiwa veiq (1957 N malma) nisiuq jju, ddeehe bbei ladi zeelmu gol nee malma gge waq.

Suldail tei’ ee nee Jipo ceef bba’ laq jeldiu mei: “ ……lee me jju, bba’ laq me jju, zzerq’ ee nee ggumu daq” zeel. Miqdail tei’ ee nee berl seil: “Gvsaq yeisseiq, yagoq zherqwuq me jjuq, ddeesiuq la me zzeelzzee, zaq ser cherq ser, xulgv la me jju, aiqko loq zzeeq, bberbber me bbeeq. Ggeqdol muftai bbei tobvl nee daq, elyuq zeel cual zeel cheehu ddeedi ggeq jjeq muq jjeq" zeel. "Yeisseiq, zzeeqjjiq me ceel, meekvl zzerq gvl hal, ……zzerq' ee nee bba' laq bbei, fv zzee ee nee bbvjel bbvq ggumu gal." "Jeifsi……huabvl nee gu' liu lvllv, leihal gge mailjuq chee, ggumu ddeetiuq dal bba' laq muq, kotvq mudiul ddoq." "Caqsai, Limaq erqwail, yeisseiq ddeesiuq jjuq, …… zzer' ee nee bba' laq bbei, ……suaq gv ddoddo bbiq ddaq ggv. Sso nef mil bbei niyuq yizzeq gol nee xiyuq, ceesaiq zzeq zzee, meekvl zzerqgv yil." Cicaq Kaisi niaiq tv seiqmei, tei' ee loq nee Jipo ceef gge bba' la berl chee "zzerqpiel muq, zzerqgv yil, bba' la malma yeel zzerq' ee leil sei" dal waq ye mel see.

Jipo ceef gge gvbee nee jai mei, teeggeeq chee nimei guef gge sso nef lvqmil gge mail cherl waq zeel. Beezee loq nee jai mei, Jipo ceef gge epvzzee Liqguail sso nef lvqmil ddeeweil xul bbil seil, ssomil sseiddeq ddeebeil jjuq, ddiuq ddeeddiuq bbei xul, nal me jjijji zeel. Ddeesseeq seil, Liqguail sso me zilmi gv nee ddoq mei, nimei guef kaihuil bbel lei wulceeq gge vlssi ddeehe bbei, gee' qiq nee teiq see bbei v co neeq, ssei liuq zaq. Tee me nalnaf bbei co soq, mailcherl gol teiq meil yel, ddeeguq lei ggv gai aq bbel ceeq co, wu hual xi gai welwe, epvzzee juq jaijul, wuduwuq chee ezee xi waq lei mil me zherq. Cebbei ddeekvl ddeesseeq "Mufna" huil bbei chee, Jipo ceef xi lahal wuduwuq gge epvzzee suq bbee sel vq, lahal gai welwe xai. Jipo ceef mil nee muq gge jer welwe laqyulko ceeq gge bba' laq naq gol, ngvq peil ddeeq nee chee sherl, ngvq peil cheehu tee lvqmil ggumu gv gge kol waq seiq zeel.

◆〔清〕阮元、伊里布等修，王崧、李诚等纂《云南通志稿·南蛮志·种人》之"野蛮"和"结些"，道光十五年刻本图像，一一二册（云南省图书馆藏）

◆ 男女服饰（德宏傣族景颇族自治州陇川县，1935 年，勇士衡摄）

◆ 参加“目脑”节的景颇族（德宏傣族景颇族自治州潞西市，1993年，邓启耀摄）

◆ 参加“目脑”节的景颇族（德宏傣族景颇族自治州潞西市，1993 年，邓启耀摄）

男装

德宏傣族景颇族自治州的景颇族男子多穿白色或黑色对襟上衣，旧时下身穿裙，称为“纱笼”。包头巾，头巾一头垂下，上面装饰鲜艳夺目的各色绒球。并必挂用棉麻织成的挎包（称为“筒帕”）和长刀，刀鞘用红带缚着，斜挂肩上，长刀佩于腰间；“筒帕”为红色，上饰整齐的银泡或银垂片，下有长长的流苏。白刀红包，突现粗犷奔放的英武之姿。现在，景颇族男子流行西裤和白衬衣，打领带，唯包头不变。怒江傈僳族自治州泸水县片马一带的景颇族又称“茶山人”，男子和当地傈僳族、怒族相似，内穿短衣长裤，外穿麻布对襟长衫，但上部多一黑色短坎肩，扎青布包头。

短衣“纱笼”式

◆ 老人日常穿服的对襟土布短衣和宽裙“纱笼”（德宏傣族景颇族自治州盈江县，1993年，邓启耀摄）

◆ 墙上的刀枪是穿裙（“纱笼”）的景颇汉子所必备（德宏傣族景颇族自治州盈江县，1993年，邓启耀摄）

短衣长裤式

◆ 男子对襟短衣宽脚长裤（临沧市耿马傣族佤族自治县，1936年，勇士衡摄）

◆ 对襟短衣长裤（德宏傣族景颇族自治州，约1958—1965年，云南民族调查团摄，见云南美术出版社编：《见证历史的巨变——云南少数民族社会发展纪实》。昆明：云南美术出版社，2004年版）

◆ 景颇族男子对襟短衣宽脚长裤（昆明市民族村，2007年，邓启荣摄）

◆ 景颇族老年男子装束（德宏傣族景颇族自治州陇川县，2009年，刘建明摄）

◆ 白衬衣打领带扎包头，已经成为景颇族男子传统节日服饰的一部分（德宏傣族景颇族自治州芒市，1993 年，邓启耀摄）

长衫长裤配羽冠式

◆ 在“目脑”节上穿长衫戴羽冠的领舞“董萨”（德宏傣族景颇族自治州芒市，1993年，邓启耀摄）

女子一般穿黑色圆领窄袖上衣，下穿红色景颇锦裙或红色与其他色间织的筒裙，较宽而短，仅达小腿部位，腿部裹上毛织护腿，便于在山地丛林中出入。景颇族妇女的筒裙，以其色调沉稳、富丽，图案精美多变著称。筒裙由三幅自织布横拼而成。只在筒裙两端织上花边图案的叫半花裙，三幅中有一幅或二幅甚至三幅全部织有图案的叫满花裙。年青姑娘多系满花裙，老年妇女则多系半花裙。怒江片马一带景颇族“茶山人”妇女对襟短衣大坎肩，下身穿宽大的裙子或裤，穿裤者系围腰。

短衣长裙式

◆ 妇女日常服装（德宏傣族景颇族自治州盈江县，1993年，邓启耀摄）

◆ 老年妇女的短衣长裙和腰箍（德宏傣族景颇族自治州，2009年，刘建明摄）

◆ 节日短衣长裙变体（德宏傣族景颇族自治州，蒋剑摄）

银泡短衣筒裙式

◆ 女子盛装（德宏傣族景颇族自治州芒市，1993年，邓启耀摄）

◆ 女子节日盛装（德宏傣族景颇族自治州潞西市，1993 年，邓启耀摄）

◆ 女子盛装（德宏傣族景颇族自治州陇川县，1993 年，邓启耀摄）

◆ 景颇族姑娘盛装（德宏傣族景颇族自治州陇川县，2000 年，刘建明摄）

短衣坎肩百褶长裙式

◆ 片马"茶山人"有短衣坎肩百褶长裙和长裤配围腰两种（怒江傈僳族自治州泸水县，1990年，刘石摄）

◆ 片马"茶山人"的短衣大坎肩长裙（怒江傈僳族自治州泸水县，1996年，刘建华摄）

童装

男童除了包头、挎包和长刀这些标志性的服饰，服装大都与时俱进，款式较新潮。女童装大致是传统成人装的缩小版。

◆ 日常童装融合了傣族服装的某些特点（德宏傣族景颇族自治州芒市，1993年，邓启耀摄）

◆ 女童装大致是成人装的缩小版（德宏傣族景颇族自治州陇川县，2000年，刘建明摄）

古代文献记述古代景颇族饰品：（唐代）“以毛熊皮饰之，上以猪牙、鸡尾羽为顶饰。”[⑧]（明代）“首戴骨圈，插鸡尾，缠红藤，执钩刀大刃。”[⑨]“遮些，绾发为髻，男女皆贯耳佩环。性喜华彩。”[⑩]“有结些者，从耳尖连颊皮穿破，以象牙为大圈，横贯之”[⑪]“首戴骨圈，插雉尾，缠红藤。”[⑫]景颇族至今亦有此饰。

“目脑”节上领舞祭司“董萨”，必须身穿长袍，头戴饰有孔雀、野鸡等百鸟羽毛和几对骨牙类饰物的羽冠，率领长达千人的队伍，仿照“目脑柱”上绘饰的回纹图案，回旋歌舞，象征性地“返回”祖地。头戴羽冠的领舞人脚步一步也不能错，否则就会在返回时间和空间的冥冥之路上走错路，回不到祖地，得不到祖灵的认可和护佑。他的羽冠就像一面旗帜，指引着景颇族步调一致，万众一心奔向过去，奔向那幻想中与祖灵同在的神圣时刻。

过去，景颇族还有一种半花裙是用来祭鬼叫谷魂的，叫作雌祭裙。雌祭裙图案的布局和形象变化与一般生活用裙差别不大，色彩也是红黑调，但整条裙子图案稀稀拉拉。唯一的区别是有几根垂直的粗线，贯穿于花纹之中。据景颇族老巫师（“董萨”）介绍，鬼是始终与人为敌的，是恶者；魂，特别是谷魂，包含有神灵之意，是善者。迎善驱恶，避灾降祥是祭祀的根本宗旨。两条直线纹表示迎接“谷魂进来的路”。横向：第一条图案是交叉的二方连续图案和紧接的折线波纹，两条纹样合起来的含义是“人和鬼分开”；第二条图案是一菱形云纹与一“y”形图案的结合，互相衔接成二方连续，表示“人与谷魂的结合”；第三条图案是三条折线波纹，中间一条为红色，代表水沟，两条黑色折线代表水田，小三角形代表白谷，合起来含义是“稻谷有充足的水源”；第四条图案的黑三角为偷谷子的人，包围黑三角的红色底就是看守谷子的人，而谷堆则远在雷纹图案中心[⑬]。整个祭裙图案的含义，象征谷魂与人的合作，人不近邪鬼。

⑧〔唐〕樊绰撰：《云南志》（《蛮书》）。见方国瑜主编：《云南史料丛刊》第2卷。昆明：云南大学出版社，1998年版。

⑨〔明〕刘文征撰：《天启滇志·羁縻志·种人》。见方国瑜主编：《云南史料丛刊》第7卷82页。昆明：云南大学出版社，1998年版。

⑩〔明〕刘文征撰：《天启滇志·羁縻志·种人》。见方国瑜主编：《云南史料丛刊》第7卷81页。昆明：云南大学出版社，1998年版。

⑪〔明〕钱古训撰：《百夷传》。见江应樑校注《百夷传校注》105页。云南人民出版社，1980年版。

⑫《滇略》卷九，转引自尤中：《中国西南的古代民族》383页，云南人民出版社，1980年版。

⑬黄寄萍：《关于民族图案的传说》，《云南美术通讯》1988年第1期；顾方松：《从景颇族的工艺美术所想到的》，《中国工艺美术》，1987年第3期。

◆ 女子耳饰、项圈和腰箍（临沧市耿马傣族佤族自治县，1936年，芮逸夫摄）

◆ 景颇族妇女腰饰（德宏傣族景颇族自治州，2000年，刘建明摄）

◆ 在“目脑”节上穿长衫戴羽冠，带领族人回旋溯回祖地的景颇族领舞“董萨”（德宏傣族景颇族自治州潞西市，1993年，邓启耀摄）

◆ 犀鸟头和孔雀羽头饰（德宏傣族景颇族自治州，2000年/1993年，刘建明/邓启耀摄）

◆ 每个景颇族男人，都有长刀和装饰精美的挎包(德宏傣族景颇族自治州陇川县，2004/2009年，刘建明摄)

◆ 银泡衣（德宏傣族景颇族自治州陇川县，约20世纪30年代，作者不详）

◆ 景颇族女子银泡衣串珠项链和手镯（德宏傣族景颇族自治州陇川县，2000 年，邓启耀摄）

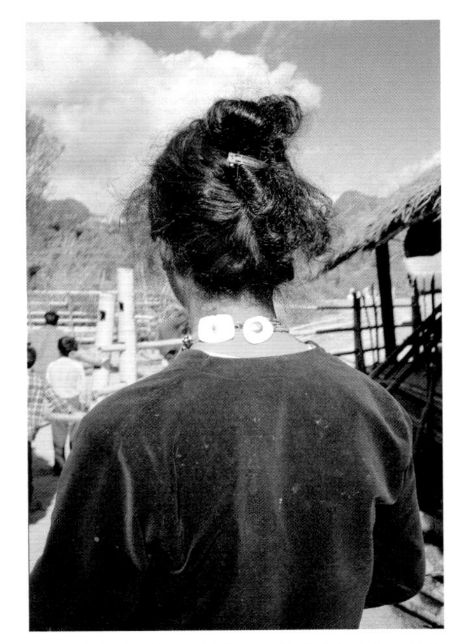

◆ 景颇族女子项饰（德宏傣族景颇族自治州陇川县，1993 年，邓启耀摄）

◆ 宽手镯（德宏傣族景颇族自治州，约 1958—1965 年，见云南美术出版社编：《见证历史的巨变——云南少数民族社会发展纪实》。昆明：云南美术出版社，2004 年版）

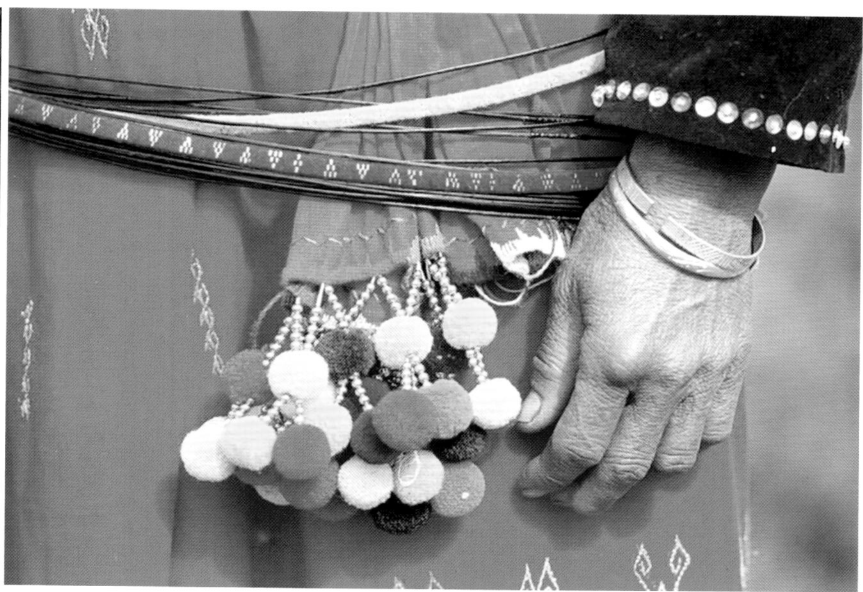

◆ 景颇族妇女手镯和腰饰（德宏傣族景颇族自治州，1994 年，刘建明摄）

◆ 景颇族女子筒裙及筒裙图案（德宏傣族景颇族自治州陇川县，1993 年，邓启耀摄）

◆ 长刀和挎包是每个景颇族男人与身相随的东西，是男子英武潇洒的象征；女子的手巾、扇子和刷刷作响的银泡衣，在节日里引人注目（德宏傣族景颇族自治州陇川县，1993年，邓启耀摄）

◆ 节日盛装（德宏傣族景颇族自治州，蒋剑摄）

拉祜族

拉祜族源于青藏高原，古代文献所称“锅锉蛮”“菓葱”“郭抽”“苦葱”“苦聪”“黑苦聪”“白苦聪”“野苦聪”“小古宗”“倮黑”“大倮黑”“小倮黑”“野倮黑”等，即为今拉祜族。拉祜族自称“拉祜”，拉祜语称虎为“拉”，称在火边把肉烤到发香的程度为“祜”，合起来为用特殊方法烤吃虎肉的意思，即“猎虎的民族”。另有“拉祜纳”（黑拉祜）、“拉祜西”（黄拉祜）、拉祜尼（红拉祜）和“拉祜普”（白拉祜）等自称，其称谓大多与服色相关。拉祜族也是跨境民族，缅、泰、老、越等国除上述称谓，还有“么舍”“卡归”等称谓。中国拉祜族人口为 49.91 万余人（2021 年统计数字），主要聚居在澜沧江流域的亚热带山区，从事稻作农耕和亚热带经济作物种植。拉祜语属汉藏语系藏缅语族彝语支，有拉祜西、拉祜纳两种方言，原无文字，以刻木记事，结绳记数，现使用在西方传教士创制的拉丁字母基础上改革的文字。以葫芦为吉祥物。

拉祜族著名的神话史诗《牡帕密帕》，谈到厄雅莎雅（即习称的“厄莎”）造好天地种葫芦，从葫芦里走出扎笛（男）和娜笛（女），他们结合后生出十三对娃娃，这些孩子长大后再生儿育女，“人满九山九凹”。在一次围猎遇雨时，他们分族了，并导致不同的服式：

芭蕉树下躲雨的，
后来变成了汉族。
芭蕉的皮层多，
所以汉族衣服多。
大树下躲雨的，
后来变成拉祜族。
大树树皮少，
所以拉祜衣服少。
鲜花底下躲雨的，

后来变成了倭尼。
鲜花开得很好看，
倭尼打扮很漂亮[①]。

清代《皇清职贡图》述“苦葱蛮”服饰：“男子椎结，以蓝布裹头，着麻布短衣，跣足，挟刀弩猎禽兽为食。妇女短衣长裙，常负竹笼入山采药。”[②]

①《拉祜族民间诗歌集成》，云南民族出版社，1989 年版。

②〔清〕傅恒等奉敕编：《皇清职贡图》，见“钦定四库全书荟要”《山海经·皇清职贡图》183—710 页，长春：吉林出版集团有限责任公司，2005 年版。

Lahul ceef

Lahul ceef tee Cizail gayuaiq nee ceeq, ebbei sherlbbei gge tei’ee loq nee sel gge “Gocol maiq” “Locu” “Gofce” “Kvco” “Kvcu” “Kvcu naq” “Kvcu per” “Yei kvcu” “Ggvzu jil” “Lohef” “Lohef ddeeq” “Loheq jil” “Yei lohef” cheehu tee, eyi gge Lahul ceef gol sel neeq. Lahul ceef wuduwuq seil “Lahul” sel, Lahu geezheeq loq la gol chee “la” sel, mi ddaddaq nee shee daq bbel xuqnvq gol tv seil “hul” sel, gai daho bbel ceeq seil lashee daq zzee gge yilsee, “la ddiul gge miqceef” sel neeq mei waq. Wuduwuq ejuq gge bba’laq gge ssalcher gol liu’liuq bbei “Lahul naq” “Lahul sheeq” “Lahul xuq” “Lahul perq” bbei la sel. Lahul ceef la kualjil miqceef waq, Miaidiail, Tailguef, Lawo, Yuifnaiq cheehu guefja seil ggeqdol nee sel gge miq cheehu erqwail, leijuq “Moseq” “Kagui” “Kvcu” la sel. Zuguef gge Lahul ceef xikee 49.91 mee hal jjuq (2021 N tejil), Lailcaijai yibbiq chee loq gge cerddiuq jjuqgv zzeeq gge bbeeq, xiq dvq bbaq dvq, jizil zof’vf dvq.Lahul geezheeq seil hailzail yuxil zailmiai yuceef yiq yuzhee loq yi, lahul si, lahul naq nisiuq faiyaiq jju, gai seil tei’ee me jju, sernaq gol nee sher jeldiu, erq dollo nee zeezeeq gulgu bbei.Eyi si’fai cuaiqjalseel nee malma gge ladi zeelmu jicee gol nee mailgguq malma gge tei’ee zziuq zeiq.Bbeiqpiu chee jifxaiq’vf waq.

Lahul ceef miqzzeeq gge gvbee <Muqpal miqpal> loq nee jai mei, “elya saya” nee mee nef lee malma bbil seil bbeiqpiu dvq, bbeiqpiu loq nee “Zadif” (sso) nef “Naldif” (mil) muqdiul ceeq, teeggeeq ddeejjiq bbei bbil seil ssuif 13 zzeeq jjuq, ssuif cheehu ggeqvddeeq bbil seil ssuif lei jjuq, xi nee ggvjjuq ggv’loq sherl. Ddeesseeq xuddiul cheekaq heeq gobvl, mail ggoggoq bbil ssei’qu sseicaq bie, bba’laq muq la me nilniq:

Malyi zzerqbbvq heeq nai gge,
Mailjuq Habaq bie.
Malyi ee diul bbeeq,
Habaq bba’laq bbeeq.
Zzerqddeeq bbvq heeq naiq gge,
Mailjuq Lahul ceeq bie.
Zzerqddeeq zzerq’ee nee,
Lahul bba’laq nee.
Bbalbba bbvq heeq naiq gge,
Mailgguq Ngailniq bie.
Bbalbba ssei leq ggv,
Ngailniq zelsu ssi.

◆〔清〕傅恒等奉敕编：《皇清职贡图》之“苦葱蛮”（见“钦定四库全书荟要”《山海经·皇清职贡图》183—710 页，长春：吉林出版集团有限责任公司，2005 年版）

◆ 用自制的纺车和织机纺纱织布，拉祜族传统服装全靠手工制作（普洱市澜沧拉祜族自治县，2011年，苏锟摄）

◆ 穿短衣筒裙扎绑腿的拉祜族老人走过建在茂密雨林中的村寨（普洱市澜沧拉祜族自治县，1993年，邓启耀摄）

◆ 准备打歌的妇女（普洱市西盟佤族自治县勐梭乡，1937年，勇士衡摄）

◆ “拉祜纳”男女盛装。民族传统文化的重建首先反映在服装上（普洱市澜沧拉祜族自治县，2007年，李剑锋摄）

服装

男装

男子上身穿对襟短衫，下身穿裤脚肥大的长裤，戴黑布帽或裹黑色包头。由于拉祜族旧有“猎虎的民族”之称，所以，过去拉祜族男子的服饰，不离腰刀与弓弩。

祭司“贺爷”做祭神仪式时，头戴白底黑饰的圆帽，帽顶绣齿牙形纹，背的挎包也是白底黑饰，边口绣齿牙形纹，面上缝缀两个黑色的圆形图案。“贺爷”的圆帽叫“阔哈屋直”（接年帽），有两顶，由村寨头人“卡些”的妻子亲手缝制，一顶代表太阳，一顶代表月亮。帽用白色土布做成圆形，顶上正中用黑布镶缀一有芒的圆饰，边上缀以黑齿形芒纹，代表太阳和月亮的光芒。另外，还要缝一个“阔哈买挫”（接年挎包），挎包仍用白色土布缝制，上用黑布缝两个圆饰，象征太阳和月亮；挎包口的边缘处缝几道黑边线及一些黑色齿纹，象征星辰，代表天边。接年帽和接年包底用白色，白色代表纯洁（过去，拉祜西以白衣为正宗）；日月星辰用黑不用红或其他颜色，也自有一番道理，据说，用红说明心硬，用黑说明心好。接年要用黑，因为黑色在拉祜族（主要是拉祜纳）中是正色。大年初一要穿戴着它们举行接年仪式。

◆ 穿对襟短衣宽脚裤吹葫芦笙的男子（普洱市澜沧拉祜族自治县，1936年，勇士衡摄）

◆ 穿大襟对襟短衣宽脚裤的男子（临沧市耿马傣族佤族自治县孟定镇，1935 年，芮逸夫摄）

◆ 男子短衣宽脚裤（西双版纳傣族自治州勐海县，约 1958—1965 年，云南民族调查团摄，见云南美术出版社编：《见证历史的巨变——云南少数民族社会发展纪实》。昆明：云南美术出版社，2004 年版）

◆ 日常短衣长裤男装和长衫长裤女装（普洱市澜沧拉祜族自治县，2009 年，李剑锋摄）

◆ 过去的拉祜族头人，现在的退休县长李光华身穿传统服装，到村寨过年。入席前，女主人行跪礼为他洗手。她左手持壶，右手接在客人的手下，意为接福（普洱市澜沧拉祜族自治县南段乡，1993 年，邓启耀摄）

◆ 祭祀家神寨神时，主祭人背白底饰有黑色圆形和齿牙形纹的挎包，将所戴白底黑饰的圆帽取下，鸣锣祝祷（普洱市澜沧拉祜族自治县南段乡，1993 年，邓启耀摄）

◆ 在春节的第一天清晨，天刚亮，头人、祭司和铁匠即背着挎包，内装芦笙、谷物等，带领村民到寨子东边的山口，迎祭新年的太阳（普洱市澜沧拉祜族自治县南段乡，1993年，邓启耀摄）

◆ 拉祜族老人对襟衣（普洱市西盟佤族自治县，2011年，刘建明 摄）

◆ 短衣长裤青年男装（普洱市澜沧拉祜族自治县，2009年，李剑锋摄）

◆ 拉祜族男子对襟坎肩长裤（江城哈尼族彝族自治县，2009 年，邓启耀摄）

◆ 对襟短衣长裤男装（普洱市澜沧拉祜族自治县南岭乡，2009 年，李建峰摄）

女装

“猎虎的民族”不仅男装英武，连妇女的装扮，都与此相关。如西双版纳傣族自治州勐海县巴卡囡、贺开两寨的拉祜族妇女，不论老少都剃光头，头上包一块白布，再用一条花纹手巾缠紧。双江县的拉祜族妇女则在出嫁后剃光头。妇女剃光头之俗，据传说即来源于古代的狩猎生活。她们说：从前，妇女与男子一样都要去打猎，为了防备在打猎过程中被熊、猴、虎之类抓住头发，就把头剃得光光的。金平苗族瑶族傣族自治县一带拉祜族妇女穿青布长衫，打绑腿。江城一带拉祜族妇女穿右衽交襟短衣筒裙。

澜沧县拉祜族主要有拉祜西和拉祜纳两个支系。拉祜西妇女头裹黑色或彩色头巾，身穿无领对襟或斜襟短衣，下穿长筒裙；拉祜纳妇女穿斜襟大开衩长衫，上面绣了许多齿牙形、石花形图案，衣服上的黑白两色，也很醒目。传说，拉祜族祖先从葫芦里出来之后，天神厄莎安排他们住在一个森林茂密的叫作“所达厄平此、麻达莎平此”的地方。有一年，森林被火烧光，变成了“明尼多科”（意为荒凉的黄土地），只好另寻生存之地。他们寻到一个蓝色的大湖“糯亥厄波”，传说是太阳、月亮洗澡的地方。（也有的人说，“糯亥厄波”是天神厄莎第二次创造人类的地方，这第二次造出的人就是男人扎迪和女人娜迪。）他们从葫芦里出来时是光着身子的，没什么衣服穿，没有粮食吃。有一天，他们来到一个美丽的地方，道路又直又长，路边长满了蕨草。在路的分岔口，他们遇到了骑马巡视的厄莎。厄莎见他们都光着身子，饿得瘦骨嶙峋，就下马来，把棉花种和小米种给了他俩，告诉他们怎样栽种，如何制作。女人种出了棉花，纺出线织成布，想起那个美丽的地方和遇见厄莎的那条岔路，就把衣服裁成长衫，两侧长长地开衩，在分衩的衣襟上缝缀了许多齿牙花纹代表路边的蕨菜；为了不忘曾住过的山洞，还加进了一些石花图案，那是在石洞岩壁上常常看到的。她们把自己的衣服染成了黑白相间的颜色，把男人的衣裤全染成了黑色。

长衫（长裤）式

◆ 妇女长衫，裸腿或扎绑腿，无长裤（普洱市澜沧拉祜族自治县，1936年，勇士衡摄）

◆ 妇女长衫长裤，扎绑腿（普洱市澜沧拉祜族自治县，1936年，芮逸夫摄）

◆ 妇女系腰带的长衫（临沧市耿马傣族佤族自治县，1936年，勇士衡摄）

◆ 妇女盛装（普洱市西盟佤族自治县，1937年，勇士衡摄）

◆ 襟边镶绣的大襟长衫（普洱市澜沧拉祜族自治县，约 1958—1965 年，云南民族调查团摄，见云南美术出版社编：《见证历史的巨变——云南少数民族社会发展纪实》。昆明：云南美术出版社，2004 年版）

◆ 大襟长衣女装（临沧市沧源佤族自治县，约 1958—1965 年，云南民族调查团摄，见云南美术出版社编：《见证历史的巨变——云南少数民族社会发展纪实》。昆明：云南美术出版社，2004 年版）

◆ “拉祜纳”大襟长衫长裤式女装和对襟短衣长裤式男装（普洱市澜沧拉祜族自治县，李娜妥摄）

◆ “拉祜纳”大襟长衫长裤式服装（普洱市澜沧拉祜族自治县，2012 年，李剑锋摄）

◆ 大襟长衫长裤式女装（普洱市澜沧拉祜族自治县富邦乡，2007 年，李剑锋摄）

◆ 绣花开襟长衣长裤（普洱市澜沧拉祜族自治县，2005 年，刘建明摄）

◆ 女子窄袖衣长衫（普洱市西盟佤族自治县，1999 年，邓启耀摄）

◆ 拉祜族女装长衫的下摆简朴，装饰主要在上部（红河哈尼族彝族自治州金平苗族瑶族傣族自治县，1990/2000 年，邓启耀/刘建明摄）

叠合式长衣

◆ 女子短袖长衫，内穿窄袖衣（普洱市澜沧拉祜族自治县，约1958—1965年，云南民族调查团摄，见云南美术出版社编：《见证历史的巨变——云南少数民族社会发展纪实》。昆明：云南美术出版社，2004年版）

◆ 女子短袖长衫，内穿窄袖衣，与30年前相同（红河哈尼族彝族自治州金平苗族瑶族傣族自治县，1990年，邓启耀摄）

◆ 女子叠合式衣，习称“两叠水”（玉溪市新平彝族傣族自治县，2000年，刘建明摄）

短衣筒裙式

◆ 右襟短衣筒裙（临沧市沧源佤族自治县勐角傣族彝族拉祜族乡，1936 年，芮逸夫摄）

◆ 少女短衣长裙（西双版纳傣族自治州勐海县贺开寨，约 1958—1965 年，云南民族调查团摄，见云南美术出版社编：《见证历史的巨变——云南少数民族社会发展纪实》。昆明：云南美术出版社，2004 年版）

◆ "拉祜西"短衣长筒裙（普洱市澜沧拉祜族自治县，2011 年，杨丽仙摄）

◆ “拉祜西”短衣长裙女装（普洱市澜沧拉祜族自治县南段乡，2007年，李剑锋摄）

◆ “拉祜西”女装（普洱市澜沧拉祜族自治县糯福乡，2011年，杨丽仙摄）

◆ 左衽短衣筒裙（西双版纳傣族自治州勐海县勐混镇，2011 年，刘建明摄）

◆ 拉祜族女子右衽交襟短衣筒裙（江城哈尼族彝族自治县，2009 年，邓启耀摄）

◆ 女式无袖、半袖和长袖短衣筒裙（江城哈尼族彝族自治县，2009 年，邓启耀摄）

◆ 女式半袖和长袖短衣筒裙（普洱市澜沧拉祜族自治县，2011 年，刘建明摄）

◆ 女式无袖短衣筒裙（普洱市澜沧拉祜族自治县，2010年，李剑锋摄）

◆ 几款长衣长裤和短衣筒裙女装（普洱市澜沧拉祜族自治县，2007/2009年，李剑锋摄）

短衣长裤式

◆ 大襟短衣长裤式女装在拉祜族中十分少见（普洱市澜沧拉祜族自治县糯扎渡，2010 年，李剑锋摄）

◆ 大襟短衣长裤式女装（普洱市澜沧拉祜族自治县，2012 年，李剑锋摄）

长衫齐膝裤式

◆ 少女外着长衫，内穿齐膝裤（临沧市永德县，1996 年，刘建明摄）

◆ 劳作时把衣襟挽起的妇女（临沧市永德县，2004 年，刘建明摄）

◆ 穿齐膝裤扎绑腿的拉祜族老人（临沧市永德县，1996 年，刘建明摄）

童装

◆ 儿童长衣，款式和大人相似（普洱市澜沧拉祜族自治县，1936年，左图为勇士衡摄，右图作者不详）

◆ 大襟长衣童装（临沧市耿马傣族佤族自治县，约1958—1965年，云南民族调查团摄，见云南美术出版社编：《见证历史的巨变——云南少数民族社会发展纪实》。昆明：云南美术出版社，2004年版）

◆ 跟着前辈学习芦笙舞的男孩（普洱市澜沧拉祜族自治县，2009年，李剑锋摄）

◆ 进入国家级非物质文化遗产保护名录的拉祜族史诗《牡帕密帕》传承人和他的子孙们（普洱市澜沧拉祜族自治县，2010 年，郎志刚摄）

◆ “拉祜西”女孩童装（普洱市澜沧拉祜族自治县糯福乡，2011 年，李剑锋摄）

◆ “拉祜西”女孩童装（普洱市澜沧拉祜族自治县，2006 年，石伟摄）

饰品

“拉祜西”女装胸前、衣领、袖口周围都镶有彩色几何纹的布块或布条，沿衣领及开襟处，还嵌上许多整齐雪亮的银泡，长筒裙也绣有花纹；“拉祜纳”妇女的斜襟大开衩长衫衩边襟口均镶贴色布几何图案；“苦聪”女装长衫的下摆比较简朴，装饰主要在上部：头戴藤制缠头箍。

拉祜族女人指着自己的衣服说，拉祜族的历史都在衣裳上了。天下万物都成对，太阳和月亮成对，男人和女人成对，水和山成对，纽子和纽口成对，所以，衣裳上的花纹，都应该成对。服装上不成对的有衣裙上的7道花边，是因为大神厄莎造天造地时用了7天时间；还有手袖上包头上的3道花纹，那是在古代迁徙时，朝西南方向走的有333对，往东走的有99对，他们形成不同的支系。为纪念朝西南方向走的333对同胞，就在衣袖和包头上各留下3道花边。

不知是对她们的诞生地——葫芦内黑暗的记忆，还是像人说的，是对当年在荒凉焦土“明尼多科”的纪念，她们把自己的衣服染成了黑白相间的颜色，把男人的衣裤全染成了黑色。或许，每当拉祜族穿着这样的衣服走在田野里，他们就会想起创世的时代，想起艰难的岁月，想起葫芦神话，想起教会自己穿衣吃饭、栽棉种粮的天神厄莎。织锦挎包是拉祜族男女老少都常有的佩饰，挎包上亦喜装饰银泡、缨穗等。在镇源县拉祜族中，男人都有一根二指宽的五色彩带。他们用它做帽带，或把它拴在三弦和弩柄上做挎带。这是古老的定情标记，所以人们常把它带在身边。传说古时有个孤女，只有一只小孔雀与她相伴。有一天，她带小孔雀去山箐背水，饿老鹰叼去了小孔雀。姑娘的哭声被一位进山的猎人听见，他射死了老鹰，救回了孔雀。为感谢猎人，孤女用孔雀毛编织了一条彩带，表示以身相许。猎人爱她善良灵巧，与她成了婚。从这以后，五色彩带就成了拉祜族的定情物。

◆ 银泡银链装饰的衣服（普洱市澜沧拉祜族自治县，约1958—1965年，云南民族调查团摄，见云南美术出版社编：《见证历史的巨变——云南少数民族社会发展纪实》。昆明：云南美术出版社，2004年版）

◆ 挎包和芦笙，是拉祜族青年男子的标志性饰品（黑白照片手工上色）（昆明艳芳照相馆摄，1956—1964年，仝冰雪收藏）

◆ 春节迎祭新年的太阳之后，回到寨心桩那里，90岁的女祭司唱着古歌祭祀天神（普洱市澜沧拉祜族自治县南段乡，1993年，邓启耀摄）

◆ 十多年后，祭祀依然如故，但跳祭祀摆舞的女子服装更亮丽了（普洱市澜沧拉祜族自治县，2007年，李剑锋摄）

◆ 少女绣花头饰（玉溪市新平彝族傣族自治县，2000年，刘建明摄）

◆ 女子银泡头饰和耳饰（红河哈尼族彝族自治州金平苗族瑶族傣族自治县，2002年，刘建明摄）

◆ 女子银泡串珠头饰（红河哈尼族彝族自治州金平苗族瑶族傣族自治县，1990年，邓启耀摄）

◆ 拉祜族少女彩线绣带装饰的头饰和腰饰（临沧市临沧县，2008年，徐晋燕摄）

◆ 拉祜族老人耳环（江城哈尼族彝族自治县，2009 年，邓启耀摄）

◆ 开襟长衣前襟绣花、银泡装饰及项圈项链（普洱市澜沧拉祜族自治县，2005 年，刘建明摄）

◆ 拉祜族少女胸饰（普洱市澜沧拉祜族自治县，罗小韵摄）

◆ 拉祜族女人的开衩长衫上用彩布和银泡缝缀了许多齿牙形、石花形图案，老人们说，光这长衫上的衩口，就是一个故事（普洱市澜沧拉祜族自治县，2008/2009 年，李剑锋摄）

◆ 除了胸饰和手镯，手机也成为拉祜族随身之物（普洱市澜沧拉祜族自治县，2009 年，谭春摄）

◆ 拉祜族短衣筒裙无兜，劳作时背挎包不方便，系在手臂上的手机包，就成为新款佩饰（江城哈尼族彝族自治县，2009 年，邓启耀摄）

◆ 左衽短衣上的银泡、绣片装饰（西双版纳傣族自治州勐海县勐混镇，2011 年，刘建明摄）

◆ 拉祜族云肩装饰与宽大的花腰带（西双版纳傣族自治州勐海县勐满镇，2010 年，刘建明摄）

◆ 用银泡、银坠、银片和绒线等精心装饰的衣装（普洱市澜沧拉祜族自治县，2009，李剑锋摄）

◆ 拉祜族老人骨雕手镯和拴线（江城哈尼族彝族自治县，2009年，邓启耀摄）

◆ 系有红线的烟斗是拉祜族老阿婆所爱（普洱市澜沧拉祜族自治县，2010年，杨乐摄）

◆ 在重要节祭仪式中，挎包必不可少。图为跳神鼓舞的拉祜族女子（普洱市澜沧拉祜族自治县，2008 年，李剑锋摄）

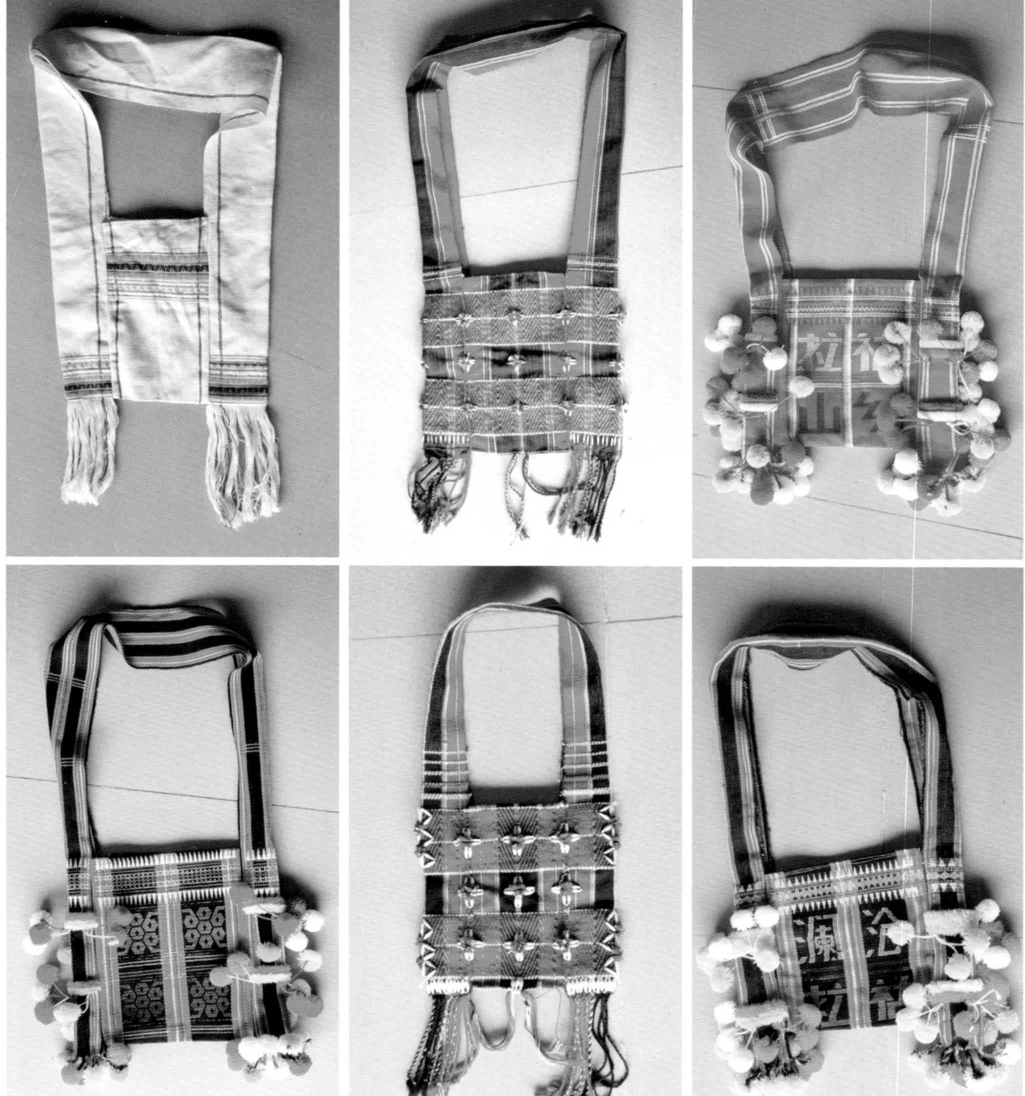

◆ 拉祜族各式挎包（普洱市澜沧拉祜族自治县，2007年，李剑锋摄）

傈僳族

傈僳族自称“傈僳”“傈僳扒”等，他称有“熟傈僳”“生傈僳”“力苏”“力些”“力梭”“窄巴”等，并因服色而有“白傈僳”“黑傈僳”和“花傈僳”等称呼。古代文献自唐以来分别有如下称呼：“施蛮”“顺蛮”“栗蛮”“栗粟”“卢蛮”“力苏”“傈僳”“力些”“力梭”“黎苏”“俚苏”等，发音大致相似。傈僳族现有人口76.29万余人（2021年统计数字），主要生活在怒江和澜沧江两岸河谷及山坡台地，其中有近一半人聚居在怒江傈僳族自治州的碧江、泸水、福贡、兰坪等县，其余分散在云南其他地区、四川境内和缅甸、印度、泰国。从事陡坡地峡谷农耕的傈僳族，以种植玉米、荞麦为主，少数河谷平地可种水稻。傈僳族信奉原始宗教，崇拜自然。有的也信仰基督教、天主教。傈僳族语属汉藏语系藏缅语族彝语支。傈僳族先后使用过三种文字，一种是外国传教士创制的拼音文字，一种是维西县农民创造的音节文字，还有一种是1957年改制的拉丁字母形式的文字。傈僳族的标志性器物是弩，象征勇武。

属于氐羌族群后裔的傈僳族，其剽悍勇武的风习，在服饰上也有体现。明代文献说其：“衣麻披毡，岩居穴处，利刀毒矢……”[①]清代文献更配图记述了这样的装束：“男子裹头衣麻布，披毡衫，佩短刀，善用弩，发无虚矢。妇女短衣长裙，跣足。”[②]“力些……男囚首跣足，衣麻布衣，披毡衫，以毳为带束其腰。妇女裹白麻布。善用弩，发无虚矢，每令其妇负小木盾，径三四寸者前行，自后发弩，中其盾而妇无伤，以此制服西番。”[③]这种披物，过于吓人，今已经不见。不过，傈僳族善射却是事实。直到现在，傈僳族还有在某些节日比赛射弩的习俗，特别是让姑娘在头顶上支设一根木棍，上面放一个鸡蛋，以弩射之的表演，让人惊心动魄。

傈僳族善用动物皮毛制作衣服，也长于种麻织麻。部分地区傈僳族服式有藏化的许多痕迹，如长袍式坎肩或长裙加坎肩等。另外，由于傈僳族起居劳作多在峡谷坡地上，山石坚硬，荆棘漫坡，所以，绑腿是他们少不了的装束。

①〔明〕杨慎《南诏野史·南诏蛮夷种类》四十条。

②〔清〕傅恒等奉敕编：《皇清职贡图》之“傈僳蛮”。见“钦定四库全书荟要”《山海经·皇清职贡图》183—715页，长春：吉林出版集团有限责任公司，2005年版。

③〔清〕阮元、伊里布等修，王崧、李诚等纂：《云南通志》卷二十七，见云南省图书馆馆藏。亦见方国瑜主编：《云南史料丛刊》第13卷。昆明：云南大学出版社，1998年版。

Liqsee ceef

Liqsee ceef wuduwu seil “Liqsee” “Liqsee paq” bbei sel, bifxi nee teeggeeq gol “Liqsee mil” “Liqsee seeq” “Lilsu” “Lilsiei” “Lilso” “Zaqba” cheehu bbei sel. Bba’ laq ssalcher me nilniq gol nee seil “Liqsee perq” “Liqsee naq” nef “Liqsee zzaiq” cheehu sel. Ebbei sherlbbei Taiqdail ddeegaiq gge tei’ ee loq seil muftai cheehu sel ye: “Sheemaiq” “Suilmaiq” “Lifmaiq” “Lilsul” “Luqmaiq” “Lifsu” “Liqsee” “Lifsiei” “Lifso” “Liqsee”, ko tvl ddeesiuq ddaq dal waq. Liqsee ceef eyi xikee 76.29 mee hal jjuq (2021 N tejil), zeeyal seil Nvljai nef Lailcaijail yibbiq nibbef xuqgv nef dolgv zzeeq, ddeeggeeq ddaq gge xi Nvljai Liqsee ceef zeelzheel ze gge Bifjai, Luqsui, Fvqgul, Laiqpiq cheehu xail loq zzeeq, leihal gge seil Yuiqnaiq bifddiuq nef Seelcuai, Miaidiail, Yildvl, Tailguef zzeeq. Liqsee ceef suaqgv zzeeq gge seil kaqzzei nef alka dvq, xuqgv zzeeq gge seil xiq la dvq. Liqsee ceef chee yuaiqshee zujal silniai, zeelssaiq gol cuqbail. Jidvqjal nef tiaizujal sil gge la jjuq. Liqsee geezheeq seil Hailzail yuxil zailmiai yuceef yiqyu zhee loq yi. Liqsee ceef gaigai mailmai nee tei’ ee zziuq seesiuq zeiq jji, ddeesiuq seil wailguef cuaiqjalseel malma gge piyi veiqzeel, ddeesiuq seil Ninaq gge neqmiq nee malma gge yizieif veiqzeel, ejuq ddeesiuq seil 1957 N lei malma gge ladi zeelmu veiqzeel. Liqseeceef gge biazheel sil ggvzzeiq chee daqna waq, gaiqyi gge siailzei waq.

Liqsee ceef tee Di’ qai coqhual mail cherl waq yeel, gaiq yi heq ssua chee, muggvqjjiq gol nee la liuq tv. Miqdail gge tei’ ee nee jeldiu mei: “Peiq bba’ laq muq jilnv pi, seetei tal hai ddvq yi gge leesee za……” zeel. Cidail tei’ ee loq seil tvq la mailgguq yi bbei teiq jeldiu mei: “Sso seil gvzee zee, peiq bba’ laq muq, yuqsee pi, sseetei dder hai, daqnazeiq ee, kail me mai me ddu. Mil seil bba’ laq dder muq terq geel, keebbe ddol.” “Lifsiei……sso gv’ fv me ggaiq keebbe ddol, peiq bba’ laq muq, yuqsee pi, fv nee bbegeel derl. Milquf perq gge peiq tobvl muq. Daqna kail ee, kail mei me ddee rheeq me jju, mil nee sai seel cuil yi gge ser dodo ddeepeil teiq babaq zherq gai juq nee jji, mailjuq nee kail mei xi gol me mai, chee zeeggeeq nee bif xi ggvq loq.” Ser dodo ddeepeil babaq kail cheexi lei rer naif ggv yeel, eyi ddaf me jju seiq. Nal Liqsee ceef daqna kail ee ddaf teif waq. Eyi la ddeehu jeifreef loq seil Liqsee ceef daqna kail didi bbei neeq melsee, mil ddeegvl nee gu’ liu gv sernaq ddeekeeq teiq di, ggeqdol aiqgv ddee’ liu ji, daqna nee kail bbei biayai, teiq liuq nvlmei qiqqi naif ggv.

Liqsee ceef tee del’ vf gge ee nee bba’ laq malma ee, sa dvq peiq ddaq la ee. Ddeehu ddiuq gge Liqsee ceef bba’ laq Ggvzzeeq gol ddeemaiq bie, keesherq kaijai, terq gguq nee kaijai muq. Liqsee ceef tee lvba bbeeq qi bbeeq ggejjuqgv dolgv nee lobbei dder yeel, ddaibbaiq zee gge kvqlvl me jju me tal.

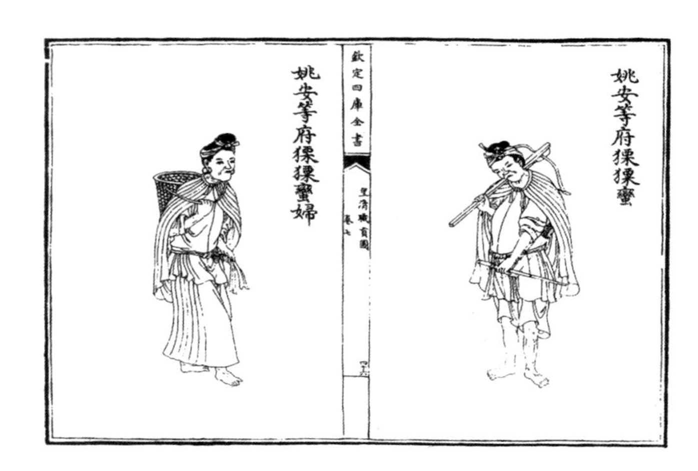

◆〔清〕傅恒等奉敕编:《皇清职贡图》之“傈僳蛮”(见“钦定四库全书荟要”《山海经·皇清职贡图》183—715 页,长春:吉林出版集团有限责任公司,2005 年版)

◆〔清〕阮元、伊里布等修，王崧、李诚等纂：《云南通志稿·南蛮志·种人》之“力些”，道光十五年刻本图像，一一二册（云南省图书馆藏）

◆ 傈僳族男女服饰（宁蒗县永宁，约1930年，约瑟夫·洛克摄。见洛克：《中国西南古纳西王国》，刘宗岳等译。昆明：云南美术出版社，1999年版）

◆ 遮放街子上的傈僳族男女服饰（德宏傣族景颇族自治州潞西市，约20世纪30年代，作者不详）

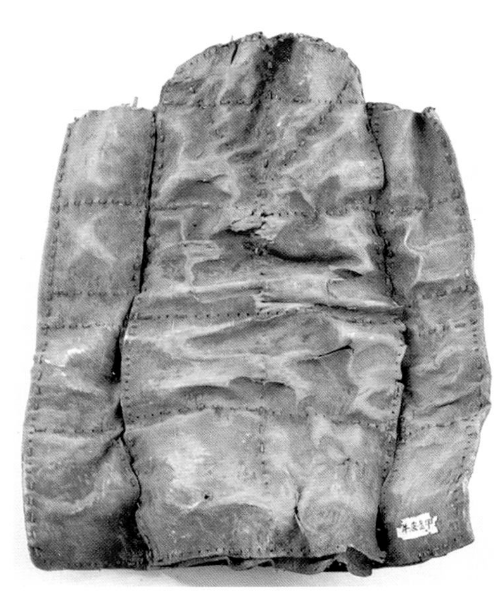

◆ 傈僳族皮衣（怒江傈僳族自治州泸水县，1990 年，刘建明摄）

◆ 傈僳族人家（德宏傣族景颇族自治州，2001 年，邓启耀摄）

◆ 生活在江边的傈僳族（保山市腾冲市，徐晋燕摄）

男装

清余庆远《维西见闻纪》述："栗粟……男挽髻戴簪，编麦草为璎珞，缀于发间，黄铜勒束额，耳带铜环。……常衣杂以麻布、棉布、织皮，色尚黑，裤及膝，衣齐裤，膁裹白布，出入常佩利刃。"④ 道光《大姚县志》卷七《种人志》说："男蓬头垢面，袒胸跣足，衣麻布直撒衣，披以毡衫，以毳为带束其腰。"⑤

④〔清〕余庆远：《维西见闻纪》。见方国瑜主编：《云南史料丛刊》第12卷，64页。昆明：云南大学出版社，1998年版。

⑤转引自尤中：《中国西南的古代民族》326—327页，云南人民出版社，1980年版。

傈僳族过去大部分都穿自种、自织，不加染色的原白的麻布衣服，男装普遍是麻布无领白长衫，戴大包头，下着裤腿宽大、长及膝部的麻布裤，扎白布绑腿。近年多穿窄腿长裤。

长衫长裤式

◆ 加坎肩的长衣长裤（怒江傈僳族自治州，约1958—1965年，云南民族调查团摄，见云南美术出版社编：《见证历史的巨变——云南少数民族社会发展纪实》。昆明：云南美术出版社，2004年版）

◆ 穿麻布衫、扛弩、佩刀的傈僳族老人（怒江傈僳族自治州福贡县，1994年，周凯模、江河泽摄）

◆ 在怒江，麻布衫是傈僳族男子的常服（怒江傈僳族自治州，2008/2000 年，邓启耀摄）

◆ 穿麻布长坎肩的傈僳族男子（怒江傈僳族自治州兰坪白族普米族自治县，2006 年，刘建明摄）

◆ 戴饰羽、毡帽，穿麻布衫齐膝裤的傈僳族男子（迪庆藏族自治州维西傈僳族自治县，2007 年，刘建明摄）

坎肩齐膝裤式

◆ 羊皮坎肩齐膝裤（怒江傈僳族自治州兰坪白族普米族自治县，2006 年，刘建明摄）

◆ 对襟短衣、对襟坎肩和齐膝裤（怒江傈僳族自治州兰坪白族普米族自治县，2006 年，刘建明摄）

长衫齐膝裤式

◆ 麻布长衫男装（迪庆藏族自治州，2006 年，石伟摄）

◆ 夫妇长衫齐膝裤（保山市腾冲市，2009 年，熊迅摄）

◆ 男子长衫齐膝裤（保山市腾冲市，2009 年，熊迅摄）

短衣长裤式

◆ 坎肩短衣长裤，有藏族服式的韵味（怒江傈僳族自治州兰坪白族普米族自治县/维西傈僳族自治县，2007/2006 年，刘建明摄）

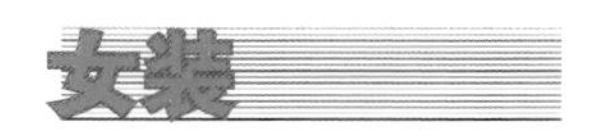

清余庆远《维西见闻纪》述："栗粟……妇挽发束箍，耳戴大环，盘领衣，系裙，曳裤，男女常跣。"[⑥] 道光《大姚县志》卷七《种人志》述："妇女裹白麻布衣。"[⑦]

当代傈僳族妇女一般穿长百褶裙，也有穿裤系宽大围裙的，戴青布包头或头饰。她们的服饰因颜色有较大差异而有"白傈僳""黑傈僳"和"花傈僳"等区别。身穿百褶裙，扎彩色腰带的傈僳族妇女这样讲述她们服饰的来历：

很久以前，有一个聪明能干的猎人，安套绳的本事很好，只要是他下的扣子，必定要套着野兽。

有一天，猎人上山查扣子，看见套住了一只红狐狸。猎人正要挥刀砍死狐狸，不料狐狸开口说话啦："年轻人，别动手。我是天神的女儿。"说着脱去狐皮，变成一个美丽的姑娘。她看上了猎人的勤劳勇敢，自愿与猎人结为夫妻。

猎人与狐女结成夫妻后，生了一儿一女，可是，自从她脱掉狐皮之后，一直找不到一件合适的衣裳，儿女大了，自己老光着身子，很不方便。于是，她又跑回了山上，想去找一件满意的衣服。

猎人回到家，不见妻子，十分着急。此时电闪雷鸣，暴雨倾盆，猎人打着伞，进山寻妻。在一个山洞里，他找到了她。听妻子诉说了苦恼，猎人灵机一动，扯下伞骨，把伞衣递给妻子做了裙子。伞衣做的裙子很是好看，可惜在腰上挂不住，手一松便脱落下来，狐女只好提着伞裙走出山洞。这时雨过天晴，山间现出一道彩虹，狐女赶忙剪下一截红的，当腰带把裙口紧紧扎住。这样一来，裙子不再下落，走起路来像踏云；腰带像彩虹，把狐女打扮得很漂亮。从此以后，这式样便传了下来，成为傈僳族妇女喜爱的美饰，爱情的象征。

"黑傈僳"一般穿黑衣黑裙，也有白衣黑裙的；"白傈僳"上下身都穿白色带有赭色条纹的拖地长裙。她们都爱在短衫之外套一件深色坎肩，多为黑色和紫红色。泸水县一带的"黑傈僳"妇女不穿长裙而着长裤，腰系一小围裙，青布包头。

永胜、德宏一带的"花傈僳"妇女服饰鲜艳，常在上衣及长裙上镶绣许多花边，头缠花布头巾，耳坠大铜环或银环，裙长及地，显得婀娜多姿。

女子则变化较多，其中，怒江及缅甸傈僳族妇女，一般上着右衽衣服加坎肩，下穿长而宽大的百褶裙；怒江上游的傈僳族妇女穿与独龙毯相似的围裙。泸水一带的黑傈僳妇女不穿裙而着长裤。迪庆州的傈僳族妇女，头戴镶满金属饰品的尖帽。

⑥〔清〕余庆远：《维西见闻纪》。见方国瑜主编：《云南史料丛刊》第12卷，64页。昆明：云南大学出版社，1998年版。

⑦转引自尤中：《中国西南的古代民族》326-327页，云南人民出版社，1980年版。

短衣坎肩百褶长裙式

短衣坎肩百褶长裙是云南怒江傈僳族自治州、迪庆藏族自治州等地傈僳族常有的式样。怒江地区的傈僳族女子内穿窄袖上衣，外套平绒坎肩，下穿百褶长裙。

◆ 傈僳族人家（怒江傈僳族自治州，徐晋燕摄）

◆ 傈僳族中年妇女服装（怒江傈僳族自治州福贡县，1994 年，周凯模摄）

◆ 傈僳族姑娘平绒坎肩百褶长裙（迪庆藏族自治州，1997年/1995年，刘建明/邓启耀摄）

◆ 被称为“花屁股傈僳”的女子百褶长裙后部，有黑白拼布装饰（永胜县，1990年，邓启耀摄）

◆ 坎肩百褶长裙女装（迪庆藏族自治州维西傈僳族自治县，2007 年，刘建明摄）

◆ 坎肩百褶长裙女装（怒江傈僳族自治州，2008年，邓启耀摄）

右襟衣百褶长裙式

右襟衣百褶长裙是怒江、永胜等地傈僳族常有的式样。“黑傈僳”妇女上下身都穿白色带有赭色条纹的拖地长裙。永胜、德宏一带的“花傈僳”妇女服饰鲜艳，常在上衣及长裙上镶绣许多花边，宽大的腰带，头缠黑布大包头或花布头巾，耳坠大铜环或银环，百褶裙裙长及地，显得婀娜多姿。

◆ 右襟长衣百褶裙（武定县，1986年，邓启耀摄）

◆ “花傈僳”右襟衣长裙女装（丽江市华坪县，1991 年，刘建明摄）

◆ “花傈僳”女子的右襟衣前襟较长，折叠于百褶长裙之前（永胜县，1990年，邓启耀摄）

◆ 傈僳族女子新款披肩长裙（怒江傈僳族自治州，2008年，邓启耀摄）

长衫齐膝裤式

◆ 女子长衫齐膝裤（正面、背面）（德宏傣族景颇族自治州陇川县，1935年，勇士衡摄）

◆ 长衣加绑腿（德宏傣族景颇族自治州，约1958—1965年，云南民族调查团摄，见云南美术出版社编：《见证历史的巨变——云南少数民族社会发展纪实》。昆明：云南美术出版社，2004年版）

◆ 长衣加绑腿（德宏傣族景颇族自治州，2001 年，邓启耀摄）

◆ 傈僳族长衫装（侧面和背部）（保山市腾冲市高黎贡山，2000 年，邓启耀摄）

◆ 傈僳族青年女子长衫齐膝裤，穿长裤的扎在绑腿里（保山市腾冲市，2009 年，熊迅摄）

◆ 傈僳族长衫装（德宏傣族景颇族自治州陇川县，2000 年，刘建明摄）

长衫长裤式

◆ 女子长衫（临沧市耿马傣族佤族自治县，1936 年，芮逸夫摄）

◆ 傈僳族女子传统服饰（怒江傈僳族自治州福贡县，1994 年，周凯模、江河泽摄）

◆ 傈僳族长衫长裤女装（怒江傈僳族自治州泸水县，2004年，刘建明摄）

◆ 长衣长裤女装（怒江傈僳族自治州，1994/2008年，周凯模 / 邓启耀摄）

◆ 傈僳族妇女长衣（怒江傈僳族自治州泸水县，1996年，刘建华摄）

◆ 傈僳族姑娘长衣长裤（保山市腾冲市，陈克勤摄）

◆ 长衫长裤加坎肩围腰女装（丽江市玉龙纳西族自治县，2005 年，刘建明摄）

◆ 长衫长裤加坎肩围腰女装（怒江傈僳族自治州兰坪白族普米族自治县，2006 年，刘建明摄）

◆ 傈僳族长衫长裤加坎肩围腰女装（怒江傈僳族自治州兰坪白族普米族自治县，2006 年，刘建明摄）

短衣长裤式

◆ 短衣宽筒长裤女装（保山市腾冲市，1986年，邓启耀摄）

◆ 短衣长裤女装（怒江傈僳族自治州，1994年，周凯模摄）

◆ “黑傈僳”服装（永胜县，1990年，邓启耀摄）

◆ 右襟短衣长裤围腰女装（怒江傈僳族自治州，2008 年，邓启耀摄）

◆ 右襟短衣长裤围腰女装（保山市腾冲市高黎贡山，2000 年，邓启耀摄）

童装

傈僳族童装大致也是成人装的缩小版，唯帽子或头饰有所不同。幼儿一般戴经过精心装饰的小圆帽，而且，按习俗，要将孩子的帽子给狗戴过，再给孩子戴，因为据说鬼怕狗，这样可以起到辟邪的作用。

◆ 傈僳族少年（保山市腾冲市猴桥镇，20 世纪 80 年代，王立力摄）

◆ 这个傈僳族女孩的服装，除了军帽胶鞋，她穿的还是典型的传统服装：长衣、坎肩、齐膝裤、藤腿箍、麻布绑腿（保山市腾冲市，1984 年，邓启耀摄）

“栗粟（傈僳族）……男挽髻戴簪，编麦草为缨子，缀于发间……”[⑧]傈僳成年男子喜欢佩砍刀、挂箭包。箭包多以熊皮或猴皮制成，与其麻布衣装相配，显得古朴威武。

怒江一带的傈僳族妇女喜欢用红白珊瑚珠子、海贝和白色砗磲片制作“奥勒”头饰和胸饰。传说傈僳族很古时使用贝币，由于经常流动，携带不便，男人更常年在外征战游牧，为保存“财物”，妇女便将贝币穿成串，随身携带，久而成饰，既为美观，又曾是富有的标志。

傈僳族的挂包“花勒夏”是姑娘送给小伙的定情物。

⑧〔清〕余庆远：《维西见闻纪》。见方国瑜主编：《云南史料丛刊》第12卷。昆明：云南大学出版社，1998年版。

◆ 枪弩和长刀，是男子必备装束（德宏傣族景颇族自治州陇川县，作者年代不详）

◆ 弓弩、长刀和牛皮箭囊是傈僳族男子经典配备（怒江傈僳族自治州福贡县/德宏傣族景颇族自治州，1994/2000年，周凯模、江河泽/刘建明摄）

◆ 傈僳族阔什节射弩比赛（怒江傈僳族自治州泸水县，2004 年，刘建明摄）

◆ 阔什节上，年头久远的葫芦笙被装扮得引人注目（德宏傣族景颇族自治州陇川县，2000 年，刘建明摄）

◆ 佩有牛腿琴的小伙子，容易受到姑娘的青睐（高黎贡山地区，2000 年，邓启耀摄）

◆ 男子彩色绒球项圈（保山市腾冲市，1995 年，刘建明摄）

◆ 男子绒球项圈、彩穗银链胸饰和挎包、匕首等日常佩饰。包头是傈僳族服饰中的标志，甚至被认为与傈僳二字的来源有关（保山市腾冲市猴桥，2009年，熊迅摄）

◆ 佩饰项圈的女子（德宏傣族景颇族自治州陇川县，1935 年，勇士衡摄）

◆ 中老年妇女项圈、串珠项链和珠穗头饰（保山市腾冲市，2001/2009 年，邓启耀/熊迅摄）

◆ 头饰（保山市腾冲市，2009 年，熊迅摄）

◆ 中年妇女珠穗头饰和贝壳腰带（保山市腾冲市，2001 年，邓启耀摄）

◆ 银链、头饰、耳饰、串珠项链和腰带（怒江傈僳族自治州，2008 年，刘建明摄）

◆ 银链绒球头饰、耳饰、串珠项链和贝壳腰带（德宏傣族景颇族自治州盈江县，1994 年，刘建明摄）

◆ 傈僳族青年女子的“奥勒”头饰和胸饰（怒江傈僳族自治州，1994 年，周凯模摄）

◆ 贝、串珠项链和珠穗头饰（怒江傈僳族自治州，1994 年，周凯模摄）

◆ 头饰、耳饰和胸饰（保山市腾冲市，1988年，刘建明摄）

◆ 贝壳和金属圆饰装点的头饰（迪庆藏族自治州维西傈僳族自治县，2007年，刘建明摄）

◆ 傈僳族男女头饰（怒江傈僳族自治州，2008年，邓启耀摄）

◆ 新款头饰（怒江傈僳族自治州，2009年刘建明摄）

纳西族

生活在滇西北的纳西族原为畜牧民族，自称“纳西”“纳日”“纳恒”“拉热”“拉洛”“吕西”“速西”“玛丽玛沙”“阮可”“邦西”等，古称“牦牛蛮”“么些蛮”“磨些蛮”“末些蛮”“摩沙”“么些”等。现有人口 32.37 万余人（2021 年统计数字）。

纳西族喜披牦牛皮、羊皮，唐代文献记述：“磨些蛮，亦乌蛮种类也。……终身不洗手面，男女皆披牛皮，俗好饮酒歌舞。”[①] 清代亦述“男妇老幼率喜佩刀为饰……冬不重衣，雪亦跣足，严寒则背履以羊皮，或以白毡，近年间有著履屦者。头目效华人衣冠，而妇妆不改，裙长及胫，亦其旧制，以别齐民（汉族）也。”[②]《皇清职贡图》述“麽些蛮”：“男子剃发，戴毡帽，着大领布衣，披羊皮。其读书入学者，衣冠悉同士子。妇女高髻，戴漆帽，耳缀大环，短衣长裙。”[③] 书中的木刻图像显示“麽些蛮妇”披羊皮穿百褶裙的情形，类似今香格里拉市白水台一带纳西族的服式。《云南通志稿》木刻图像中的“麽些”妇女，亦穿服短衣百褶裙。图中女人止斗的情景，也与古籍和民间传说中叙述纳西族妇女的作用相当。如元代李京《云南志略》记述：“末些蛮……善战喜猎，挟短刀，以砗磲为饰。少不如意，鸣钲相仇杀，两家妇女中间和解之，乃罢。”[④]

① 樊绰《蛮书》，参考赵吕甫校释《云南志校释》，中国社会科学出版社，1985 年版。

②〔清〕余庆远：《维西见闻纪》。见方国瑜主编：《云南史料丛刊》第 12 卷，61—62 页。昆明：云南大学出版社，1998 年版。

③〔清〕傅恒等奉敕编：《皇清职贡图》之“麽些蛮”。见“钦定四库全书荟要”《山海经·皇清职贡图》183-719 页，长春：吉林出版集团有限责任公司，2005 年版。

④〔元〕李京：《云南志略·诸夷风俗》。见方国瑜主编：《云南史料丛刊》。昆明：云南大学出版社，1998 年版。

◆ 纳西族东巴画中的古代服饰

◆ 纳西族东巴“五佛冠”

由于这里的海拔、气温、水草、山林等条件宜于发展畜牧业，牛羊皮毛也就成为纳西族服饰的重要组成部分。古老的东巴经《迎东格神》中有这样的描写：“天地动，生两兄妹，结缘成一家，牧养白绵羊，用羊毛做衣衫披毡，用羊毛做帽子腰带……”直到现在，直接披服白牦牛皮毛，仍然是纳西文化发祥地中甸县三坝乡纳西族的特色服饰；在丽江县，“七星”羊皮披虽已做工精致，但背披羊皮的古风依然保留。

纳西族有一种皮鞋形如普通布鞋，用牛皮或鹿皮粗鞣制成，圆口，有鞋袢，牛皮底上钉有许多蘑菇状铁钉，便于走山路泥地，俗称“牛皮钉子鞋”。

◆ 在乡村举行“二月八”祭典的纳西族男女青年（迪庆藏族自治州香格里拉市白水台乡，1996 年，周凯模摄）

◆ 头戴五神冠，身穿长衫和羊皮坎肩的祭司“东巴”在纳西人家举行祭祀仪式。“东巴教”是纳西族传统的本土宗教（丽江市玉龙纳西族自治县塔城乡，2006 年，邓启耀摄）

Naqxi ceef

Yuiqnaiq gge sibeiq bvl nee xiyuq gge Naqxi ceef tee, gai seil yuqlvl ssua’lvl mei waq, wuduwuq “Naqxi” “Nasssee” “Naqxin” “Lassee” “la’lo” “Liuxi” “Suxi” “Ma’lil masa” “Rerko” “Bbaixi” cheehu bbei sel, ebbei sherlbbei seil “Maqnieq maiq” “Moxi maiq” “Moqxi maiq” “Mosa” “Moxi” cheehu bbei sel ddu.

Naqxi ceef tee bberq’ee nef yuq’ee pi ser, Taiqdail gge tei’ee loq nee jeldiu mei: “Moxi maiq tee Wumaiq ddeehual waq. ……ddeecherl jjiq me zeiq, sso nef mil bbei ee ee pi, ree teeq ser, zzerco ser.” Naqxi ddiuq ggehaibaf suaq, me cer me qil, jjiq bbeeq ssee bbeeq, jjuq bbeeq zzerq bbeeq yeel, ceesaiq xixiq zaq, ee ee nef yuq’ee chee Naqxi bba’laq me jju me tal gge ddeesiuq waq. Ebbei sherlbbei gge dobbaq jeq <Dogeq sal> loq nee berl mei: “Meeddiuq liulliu, ebbvq ggumei nigvl jjuq, ddeejjiq teiq lei bbei, yuqperq lvl, yuqsee bba’laq ddaq, jilnv pi, yuqsee gumuq nef bbeegeel malma……”. Eyi gol tv la, Xaigef li’la Saibal xai (Bberdder) gge Naqxi ceef seil bberq perq ee teif pi ddu. Yiggvddiuq seil, ye’eel teif muq ddu.

Naqxi ceef tee tobvl ssa teiq bie gge xissa ddeesiuq malma gvl mel see, ee ee me waq seil qiq’ee nee niaiq bbel ceeq, kezee welwe, ssa perl zeel, ssabbe tai mul teiq bie gge suqbeel ddeehu teiq dil, jjuqgv jji nef zzaiq jju sseeggv jji geel tal, “ee ee suqbeel ssa” bbei sel.

男装

古代纳西族男子服饰，以“三搭头”发式及勇武炫耀型装束为特征。明代文献述：“麽些蛮，……男子头绾二髻，傍剃其发，名为三搭头。”或“髿头披毡”[5]“麽些蛮，常披毡衫，富者加至二三领，虽盛暑亦然，头戴牦牛尾帽；重且厚，……皆非矢镝所能穿，盖以备战斗也。”[6]在清代文献中，纳西族男子服饰无大变化：“男子头总三髻，旁剃其发，名三搭头，耳坠绿珠，腰挟短刀，膝下缠以毡片，四时着羊裘。”[7]

现代纳西族男子服饰，丽江坝区大体和邻近汉族相似，有短衣长裤和长衫长裤两种。香格里拉市纳西族男子穿大襟右衽白色麻布短衣，扎有缨穗的腰带，着青裤，戴紫红色包头。

◆ 戴着小熊猫皮帽的纳西族男子（丽江，约1930年，约瑟夫·洛克摄。见洛克：《中国西南古纳西王国》，刘宗岳等译。昆明：云南美术出版社，1999年版）

⑤〔明〕陈文纂修：（景泰）《云南图经志书》卷四、卷五。见方国瑜主编：《云南史料丛刊》第6卷，89页。昆明：云南大学出版社，1998年版。

⑥〔明〕陈文纂修：（景泰）《云南图经志书》“永宁府”。见方国瑜主编：《云南史料丛刊》第6卷，89页。昆明：云南大学出版社，1998。

⑦〔清〕管学宣、万咸燕等纂修：（乾隆）《丽江府志略》上卷《官师略·种人附》137页。原丽江纳西族自治县县志编委会办公室据“雪山堂藏版”翻印，丽署新出（九一）临字第03号，1991。

短衣齐膝裤 / 长裤式

短衣齐膝裤或长裤是纳西族男子普遍的衣着样式，主要在劳动者中穿服。河谷地区稍单薄，居山地者习加套一件羊皮坎肩或披毡。衣装质料以麻、棉和皮毛为多。

◆ 居住江边的纳西族身着短衣齐膝裤（金沙江边，约 1930 年，约瑟夫·洛克摄。见洛克：《中国西南古纳西王国》，刘宗岳等译。昆明：云南美术出版社，1999 年版）

◆ 身着短衣长裤的纳西族伐木者（丽江，约 1930 年，约瑟夫·洛克摄。见洛克：《中国西南古纳西王国》，刘宗岳等译。昆明：云南美术出版社，1999 年版）

◆ 戴毡帽、披毡或穿羊皮褂是纳西族男子的常服（丽江，约 1930 年，约瑟夫·洛克摄。见洛克:《中国西南古纳西王国》，刘宗岳等译。昆明：云南美术出版社，1999 年版）

◆ 男子白色麻布短衣和女子黑色长袍在舞队中互相映衬（迪庆藏族自治州香格里拉市，1995 年，邓启耀摄）

◆ 男子毡帽和皮帽（丽江市，2006 年，邓启耀摄）

长衣式

长衣有两种，一文一武。文的是长衫，多配坎肩，一般为长者穿服，在短衣群中略感与众不同。特别是在举行宗教仪式或洞经音乐演奏的时候，长衫使穿服的祭司显出几分儒雅之气，在世俗空间区隔出一个特异的场域。武的是铠甲，用硬实的猪皮革条制作，上护胸肩，下及膝部。除了作战时披挂，有的地方在丧葬的送魂仪式中，也需穿服铠甲，仗剑开道，护送亡魂回归祖地。

◆ 扎包头，穿短衣，长者穿长衫，外套皮坎肩（金沙江湾地带/白地，约1930年，约瑟夫·洛克摄。见洛克：《中国西南古纳西王国》，刘宗岳等译。昆明：云南美术出版社，1999年版）

◆ 用猪皮革条制作的武士铠甲（约1930年，约瑟夫·洛克摄。见洛克：《中国西南古纳西王国》，刘宗岳等译。昆明：云南美术出版社，1999年版）

◆ 纳西族祭司装束（丽江，约1930年，约瑟夫·洛克摄。美国哈佛大学图书馆网页）

◆ 纳西族祭司装束（丽江市玉龙纳西族自治县塔城乡，2006年，邓圆也摄）

◆ 纳西族祭司装束（丽江市，1996/2006年，邓启耀/邓圆也摄）

◆ 在乡间演奏古乐的纳西族“东巴”（丽江市，2006 年，邓圆也摄）

◆ 穿长衫演奏古乐的纳西族老人（丽江市，2006 年，邓圆也摄）

女装

元代李京《云南志略》记述："末些蛮……妇人披毡，皂衣跣足，风鬟高髻。女子剪发齐眉，以毛绳为裙，裸露不以为耻，……既嫁，易之。"清人的考察笔记记述更详："妇人结高髻于顶前，戴尖帽，耳坠大环，服短衣，拖长裙，覆羊皮，缀饰锦绣金珠相夸耀。今则渐染华风，服食渐同汉制。""麽些，惟妇髻辫发百股，用五寸横木于顶，挽而束之。""妇髻向前，顶束布，勒若菱角，耳环粗如藤，缀如龙眼果，铜银为之。视家贫富，衣白褐青，缘及脐为度，以裙为裳，盖膝为度，不著袴，裹臁，肋，以花布带束之，女红之类皆不能习。"

羊皮披是纳西族女装标志性服式，纳西语称"优轭"，是"余轭"（羊皮）的变音。羊皮披用毛色乌黑纯净的绵羊皮，经皮硝、糯米粉等加工后，皮板雪白，与黑毛对比强烈。然后按体裁制，缝上黑绒或黑氆氇的"优轭简"（羊皮颈），饰以七块圆形五彩丝绒绣的"优轭缪"（羊皮眼睛），再钉上七组细白羊皮条做成的"优轭崩"（羊皮须），一对"优轭货"（羊皮背带）用白布做成，上绣蓝色的蝴蝶纹饰，一端钉在羊皮的肩部，羊皮披在背上，背带在胸前交叉，然后绕回背后从下端把羊皮系紧，尾端自然垂下，类同有"尾"[8]，与东巴文的"羊皮"十分相似。

⑧ 杨朝宗：《纳西人与羊》（《玉龙山》1988 年 3 期）。

衫袍牦牛毛披百褶裙式

香格里拉市纳西族妇女穿白色麻布长衫或黑色长袍，领口镶红色和黄色布条，以彩线盘辫，腰扎有缨穗的腰带，披较少加工的白色牦牛披。

◆ Y襟长衫、百褶长裙配白牦牛披是纳西族服装的古老样式（迪庆藏族自治州香格里拉市三坝纳西族乡，刘建明摄）

◆ 香格里拉市的纳西族服饰吸收了藏族服装的某些元素（迪庆藏族自治州香格里拉市三坝纳西族乡，1991 年，刘建明 ）

长衣坎肩羊皮披式

丽江纳西族妇女身穿大襟布袍，大袖、无领、夹层，前短后长。穿时将袖口卷齐肘部，上加坎肩、百褶围腰，背披“羊皮披”。羊皮披纳西语称“优轭”，俗称“披星戴月”。它们用毛色纯白或乌黑的牦牛皮或绵羊皮经皮硝、糯米粉等鞣制加工而成。羊皮披的羊皮毛朝内，外留部分白皮，再缝上黑布或黑氆氇的“优轭筒”（羊皮颈），在黑布与羊皮光面缀连处，饰以七块圆形五彩丝绒绣或者锦绣的“优轭缪”（羊皮眼睛），这些圆盘锦绣的描花图案，纳西语称“巴妙”意即蛙眼。也有纳西族解释说，“巴妙”，最初叫“巴含”，意为绿色花片，因为古时缀钉在羊皮披背上的圆形图案，就只是绿色的绸片而已。每个圆盘上钉有两条麂皮细带，称作“优轭崩”（羊皮须），七盘共十四根细绳称为羊皮飘带。一对“优轭货”（羊皮背带）用白布做成，上挑黑色图案，图案纹样有人、蛙、植物、蝴蝶等，一端钉在羊皮的背部，羊皮披在背上，背带在胸前交叉，然后绕回背后从下端把羊皮系紧，尾端自然垂下。

◆ 老年妇女在半长衣外套较厚实的坎肩，前围多褶围腰（丽江市，1993年，邓启耀摄）

◆ 山区纳西族妇女服式与丽江坝区相似，区别在包头（怒江傈僳族自治州兰坪白族普米族自治县，2006年，刘建明摄）

◆ 七星羊皮披是丽江纳西族的标志性服装，年轻姑娘内衣时尚，外面依然如故（丽江市，1993年，邓启耀摄）

◆ 在海拔2000多米的地区，羊毛披背很受欢迎（丽江市，1998年，邓启耀摄）

短衣百褶裙式

短衣百褶裙近年在纳西族年轻女性中十分流行，貌似与时俱进的新款，其实在晚清方志的刻本图像和20世纪初的影像中，已经描绘了这种服装款式。差别在于，传统衣裙因基于实用且质料为麻、羊毛等，总体显厚重；而新款衣裙多用于节庆或观光，布料轻柔，色彩鲜艳。

◆〔清〕阮元、伊里布等修，王崧、李诚等纂《云南通志稿·南蛮志·种人》，道光十五年刻本图像，一一二册（云南省图书馆藏）

◆ 用羊毛类粗纤维制作的上衣和棉麻百褶裙（金沙江湾地带，约1930年，约瑟夫·洛克摄。见洛克：《中国西南古纳西王国》，刘宗岳等译。昆明：云南美术出版社，1999年版）

◆ 在玉龙雪山下歌舞的纳西族青年男女（丽江市，1993 年，邓启耀摄）

◆ 短衣坎肩百褶裙（丽江市，1992 年，邓启耀摄）

◆ 短衣坎肩百褶裙（丽江市，1996 年，邓启耀摄）

短衣长裤式

短衣长裤是纳西族男子普遍的着装样式，主要是方便劳作。过去多穿麻织品，系红布腰带。现在则随流行时尚，穿服多样化。

◆ 纳西族老年妇女和男子日常装束（丽江市玉龙纳西族自治县塔城乡，2006年，邓圆也摄）

童装

纳西族在婴儿满月时，给其穿有较多子孙的老人的旧衣改制的长衫。儿童的服装大致是青年人的翻版。

◆ 女孩日常装束（丽江市玉龙纳西族自治县塔城乡，2006年，邓圆也摄）

佩刀曾经是古代纳西族男子的重要佩饰。地方志记述，麽些（纳西族）"带刀为饰"，"身之左右常佩刀，虽会亲见官，刀亦不去，夜卧则枕之……""出入常带大小二刀，以锋利为尚。大者长三尺许，头有环者谓之环刀，无环者谓之大刀，以革为系，挂自右肩，绕于左胁。小者长尺余，谓之解手，亦以革为系，绕身一围，悬刀于系，当右胁之际。凡刀皆有室，富贵者刀错以金银，系饰以砗磲等物。喜则抚刀相侈，怒则拔刀相向，虽死无憾。"

"么些（纳西族）……妇髻向前，顶束布勒如菱角，耳环粗藤，缀以龙眼，铜银为之。"⑨

纳西族特色服饰是羊皮披背，在羊皮披背的顶部，缝有两条白色宽带，上挑黑色图案，图案纹样有人、蛙、植物等。羊皮披背背带的缀连处，缀有两个大圆形绣锦描花图案。在黑布与羊皮光面缀连处，横缀着一排七个圆根细绳称为羊皮飘带。这些圆盘锦绣的描花图案，纳西语称"巴妙"，意即蛙眼。也有纳西族解释说，"巴妙"，最初叫"巴含"，意为绿色花片，因为古时缀钉在羊皮披背上的圆形图案，就只是个绿色的绸片而已。对纳西族羊皮披背的解释很多，民间也流传着许多传说，大致可分为几类：

勤劳的象征。披背上的七个圆盘象征七星，寓意"披星戴月"的纳西妇女的勤劳。这是比较流行的说法。

斗魔说。古时出了旱魔，九个太阳晒得大地干裂。有个姑娘用水鸟羽毛做成"顶阳衫"，去请龙王来制服旱魔。龙王让龙三王子携带万顷雨水，前去救灾。龙三王子斗不赢旱魔，被封进陷阱。姑娘披起顶阳衫和旱魔斗，也渴死了。善神北时三东用雪精造成雪龙，把七个火太阳一个个衔在嘴里变冷，吐在地上，再把第八个变冷的太阳留在空中当月亮，战胜了旱魔。善神把七个冷太阳捏成七星，镶在姑娘的顶阳衫上，表彰她勇敢斗魔的精神⑩。

避邪说。天帝的女儿不愿嫁给天神，要嫁给人间的英雄。她知道嫉妒的天神要作邪法阻拦，就把日、月和七星绣在羊皮披背上。当她和有情人带着百样谷种、九种牲畜来到半路上，天神追来，吐出乌云黑雾，想把天女劫走。天女把象征宇宙三光的披背一披，日月七星放出耀眼光芒，照得恶神头晕目眩，不能动弹⑪。

神蛙说。纳西族古歌把羊皮披背上的圆形图案饰物说成是两只大蛙及七只小蛙的象征，十四条缀带为金蛙牵出的金肠子，它们将变成江河⑫。另外一些传说也叙述了这样的故事。传说一：神蛙娶了个女人，女人发觉丈夫是个才貌双全的勇士，就想把蛙皮烧掉，丈夫答应她的要求，要她烧时念咒：祝愿人间智愚平等，贫富均衡。妻子一高兴说反了话，从此人间

⑨〔明〕陈文纂修：（景泰）《云南图经志书》卷四。见方国瑜主编：《云南史料丛刊》第6卷。昆明：云南大学出版社，1998年版。

⑩李翰湘：《维西县志》卷二。

⑪杨世光整理：《七星披肩的来历》，《民间文学》（北京），1981年第9期。

⑫见纳西族神话《美命景畅》，转引自和茂华、赵净修：《永褉葩缪》，《民族文化》（云南），1983年5期。

有了智愚贫富不均之事。传说二：善神要赐予世间万物智慧水，乌鸦传错了话，智慧水被人喝光。百鸟千兽发怒，拔光了人身上的毛。只有青蛙趁乱舔干了碗底的智慧水，然后设计为人解了围。所以，人把蛙看作仅次于人类的智慧生灵，不许伤害。传说三：天儿子和地女儿病了，人派各种使者去十八层天上找寻盘珠沙美女神，求赐解开天儿地女病痛的奥秘。蝙蝠取回智慧的经文，半路上打开看时，经书被白风黑风吹跑，落进海里，黄金大蛙将其吞到了肚里。神指点请来诗松三兄弟，射杀了大蛙。大蛙中箭时发出斯（木）鲁（石、金）吉（水）米（火）知（土）五个音。蝙蝠取回智慧钥匙，把它交给人类，从此，人类揭开了天儿地女患病的奥秘。人们杀了黑羊，剥下羊皮，照蛙体形状剪裁了羊皮，缝上形似蛙眼的圆形图案。人们把披背披到天儿地女身上，他们错位和偏斜了的五行方位，得到重新的平衡。天地万物之序，也就顺了[13]。

⑬ 纳西族民间歌手和顺莲唱，木丽春收集翻译，丽江地区文化局、民委、群艺馆编印《纳西族、普米族歌谣集成卷（一）》。

◆ 纳西族祭司“东巴”的法杖和羽冠（丽江市，1996 年，邓启耀摄）

◆ 纳西族祭司“东巴”的五幅冠、法珠玉佩（丽江市，1993 年，邓启耀摄）

◆ 纳西族祭司“东巴”的法珠和背部铜饰（丽江市，2006 年，邓启耀摄）

◆ 圆形金属头饰（迪庆藏族自治州香格里拉市，1995 年，邓启耀摄）

◆ 圆形刺绣头饰（丽江市，2006 年，邓启耀摄）

◆ 女子服装款式与现在大致相似，唯圆帽和肩部的两个圆饰消失了（丽江，约1930年，约瑟夫·洛克摄。见洛克：《中国西南古纳西王国》，刘宗岳等译。昆明：云南美术出版社，1999年版）

◆ 用黑白两色缝制的七星羊皮披，羊皮披上的圆形饰片和白色皮带，蕴含了纳西族关于金蛙五行的观念（丽江市，1993/2006年，邓启耀摄）

怒 族

主要分布在云南怒江的怒族，怒江三县怒族各有自称，风俗习惯和语言都有很大差别， 泸水怒族自称“怒苏”、福贡称“阿怒”、贡山称“怒”“阿龙”，即怒苏、柔若、阿侬等支系。他称有“怒人”“怒子”“怒帕”“察”或“阿般”等。

中国的怒族共有3.65万余人（2021年统计数字），怒族语属汉藏语系藏缅语族，无自己的文字，有自己民族的民间信仰，但靠近藏区的，也信仰藏传佛教；天主教和基督教传入怒江地区之后，信众数量上升很快。

由于怒江峡谷的闭塞，怒族在很长的历史时期内，尚保留着原始公社制的残余。其生计以采集和狩猎为主，即使种植，工具也很原始，如石锄、木锄和竹锄。在服式方面，曾以树叶蔽体，而沿用至20世纪的木制“遮阴板”，亦是原始服式的一种遗制。怒江地区很晚才传入麻布及制麻技术，但怒族生产的“红文麻布”，“么些不远千里往购之”，当有特殊的品质。关于怒族的服饰，明代文献只有简略记载：“怒人，男子发用绳束，高七八寸；妇人结布于发。” 清代文献稍详：“怒子，居怒江内，男女披发，面刺青纹，首勒红藤，麻布短衣，男着裤，女以裙，俱跣。” “怒人……男子编红藤勒首，披发，麻布短衣，红帛为裤而跣足，妇亦如之。”

现代怒族服装，融合怒江峡谷中各族服式之长，形成了自己新的特色。

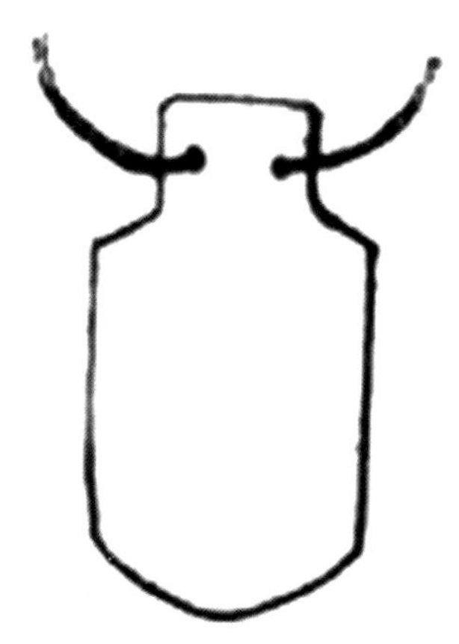

◆ 怒族“遮阴板”

◆ 怒族腰织及男女服式（怒江巴杭村，约1930年，约瑟夫·洛克摄。见洛克：《中国西南古纳西王国》，刘宗岳等译。昆明：云南美术出版社，1999年版）

Nvlceef

Nvlceef tee zeeyal seil Yuiqnaiq gge Nvljai zzeeq, Nvljai seel xail loq gge Nvlceef gofyugof gge miq jju, ddumuq nef geezheeq la me nilniq ssua. Bifjai gge Nvlceef wuduwuq "Nvlsu" sel, Fuqgul gge Nvlceef wuduwuq "Anvl" sel, Gulsai gge Nvlceef wuduwuq "Nvl" "A' leq" sel. Bifxi nee teeggeeq gol "Nvlsseiq" "nvlzee" "Nvlpal" "Caq" "Abai" cheehu bbei sel.

Nvlceef gainief halsherq ddeezherl loq chee zzerqpiel nee bba' laq bbei. 21 sheelji gol tv bbei teif zeiq neeq gge ser dodo gaijuq daqzo tee ebbei sherlbbei nee jju dder gge waq. Peiq tobvl nef peiq ddaq gge jilsuf tee jjaiq hoq dal Nvljai ddiuqkol da, nal Nvlceef nee malma gge "xuqberl peiq" chee me nilniq gge ddeesiuq waq.Ebbei sherlbbei tei' ee loq Nvlceef muggvqjji jeldiu mei: "(Nvl xi) sso erq nee gv' fv zee, cifbaq cuil suaq ggv; mil tobvl nee gv' fv zee." "Nvl xi……sso……erq xuq nee gu' liu gv zee, gv' fv saq, peiq bba' laq dder muq, yiqbo xuq lei geel, keebbe ddol, mil la chee waq." "Nvlzee Nvljai ddiuq zzeeq……sso nef mil bbei gv saq……gu' liu erq xuq zee, peiq bba' laq dder muq, sso lei geel, mil terq geel, ddeehe bbei keebbe ddol.

◆ 怒族男女服式（怒江巴杭村，约 1930 年，约瑟夫·洛克摄。见洛克：《中国西南古纳西王国》，刘宗岳等译。昆明：云南美术出版社，1999 年版）

◆ 怒族祭祀山神（怒江傈僳族自治州福贡县，1994 年，周凯模摄）

男装

怒族男子过去一般都穿麻布衣，服装基本款式为衣裤型，因时或情境又有两式：短衣齐膝裤式和长衫齐膝裤／长裤式。短衣有对襟、大襟等款式；长衣无纽扣，以带系之，大襟右掩似和尚领，中间系腰带；衣后分两层，里层与前片缝合，外层只作为披褂；袖口紧收，腰带宽大，于一侧垂下。

短衣齐膝裤／长裤式

◆ 怒族男子传统麻布短衣齐膝裤（怒江傈僳族自治州福贡县，1995年，周凯模、江河泽摄）

◆ 老人的对襟短衣长裤（怒江傈僳族自治州福贡县匹河怒族乡，2006年，刘建明摄）

长衫齐膝裤 / 长裤式

◆ 怒族男子传统麻布长衫（怒江傈僳族自治州福贡县，1995 年，周凯模、江河泽摄）

◆ 在怒江边身穿麻布长衫跳“达比亚”舞的怒族男子（怒江傈僳族自治州福贡县，1994 年，周凯模摄）

◆ 男青年的斜襟长衫（怒江傈僳族自治州福贡县匹河怒族乡，2000 年，刘建明摄）

女装

怒族女子服装也大致有两个款式：短衣坎肩围腰长裤式和短衣坎肩百褶裙式。怒江一带温差大，女子普遍穿比较厚实的坎肩，保暖并方便劳作。一般而言，短衣坎肩长裤多为生活常服，便于山地劳作。短衣坎肩围腰是怒江峡谷上游贡山一带怒族妇女的传统服装，用两块麻布（怒毯）围身，以此为裙，年轻女子以彩色氆氇做围腰，年长者则系更长一些的青布或竖条纹围腰，穿长裤，上衣外多罩赭红、大红或其他深色坎肩；戴头巾，用若干种彩色毛线编成发圈套在头上。可以看到和藏族、独龙族服装交接的一些痕迹；怒江峡谷中下游福贡、泸水一带怒族妇女上身穿短衣套坎肩，下身穿百褶长裙，和傈僳族服装有异曲同工之妙。

短衣围裙式

◆ 短衣竖纹围裙（怒江傈僳族自治州，约1958—1965年，云南民族调查团摄，见云南美术出版社编：《见证历史的巨变——云南少数民族社会发展纪实》。昆明：云南美术出版社，2004年版）

◆ 彩线头饰、短衣坎肩、氆氇腰带系竖纹围裙是怒江中上游地区怒族的典型款式（怒江傈僳族自治州贡山独龙族怒族自治县，1997 年，刘建明摄）

◆ 穿服藏式氆氇的怒族老年妇女，她的身后走过穿紧身裤的女孩（怒江傈僳族自治州贡山独龙族怒族自治县丙中洛镇，1997 年，刘建明摄）

短衣坎肩百褶裙式

◆ 穿黑色平绒坎肩百褶长裙的怒族妇女和她的丈夫、朋友（怒江傈僳族自治州福贡县，1994 年，周凯模摄）

◆ 穿黑色平绒坎肩和百褶长裙的怒族少女（怒江傈僳族自治州福贡县，1994，周凯模摄）

童装

据文献及调查，过去怒族男女十岁后，“皆面刺龙凤花纹”①。

① 乾隆《丽江府志略》上卷《官师略·附种人》。丽江纳西族自治县县志编委会办公室翻印，1991年版。

◆ 怒族山村三代人服装，儿童服装已经汉化（怒江傈僳族自治州贡山独龙族怒族自治县，徐晋燕摄）

◆ 背在母亲后背的孩子，戴花帽（怒江傈僳族自治州贡山独龙族怒族自治县，1997年，刘建明摄）

关于怒族的饰品，清代文献多次提及“怒人……男子红藤勒首”[2]之饰。民国初期的史料描述更为详细：“怒傈衣服，男子则穿衣裤，间有戴布小帽，穿一耳坠者；颈上常挂料珠，坠于胸前；手上多戴铜镯一二只，用董棕树叶之筋圆圈数十，饰于腿上。衣长短不一，无领无扣，上下宽阔均等，腰间常以带束之。女子上身衣， 下身裙。衣最短，裙无缝，长仅及膝，两耳皆坠环，大如手镯；头上则用料珠等，制为一圈，束之如勒；两手充带铜镯，赤足如男子。”“男子……出外常佩带大刀，挟持弓弩。女子……布裙或麻布裙，妇女短衣围裙，裙袖间缀以花线，或用颜色布镶边数道，又以白色银币，红绿料珠满钉裙间。”[3]

怒族男子常年喜在左腰佩砍刀，右肩挎弩弓和箭囊，头部或包头巾，或蓄长发，有的披发垂耳，有的结发辫；过去头人或富裕人家的男子多在左耳戴一串大珊瑚，给人感觉豪迈英武、剽悍粗犷。

过去，各地怒族妇女都爱用细藤染成红黑色缠于头部、腰部及腿部为装饰，以缠得多为美，现在以丝线代替。她们头上多包头巾，或以发辫压方头帕加各色彩藤或彩线为饰，鲜明突出。女子饰品因区域差异而有所不同。鞭形彩线头饰，短衣坎肩，宽大的氆氇腰带系竖纹围裙是居住在怒江峡谷上游如贡山县一带的怒族女性的典型装饰；而红白交错的珠贝头饰和胸饰，则为居住在怒江峡谷中游，如福贡县一带怒族女性的装饰。

②〔清〕阮元、伊里布等修，王崧、李诚等纂：《云南通志》卷一百八十四，道光十五年刻本。云南省图书馆藏。亦见方国瑜主编：《云南史料丛刊》第13卷。昆明：云南大学出版社，1998年版。

③以上2条转引自陶天麟：《怒族文化史》179页。昆明：云南民族出版社，1997年版。

◆ 戴耳环、项链、手镯和戒指的妇女（怒江傈僳族自治州碧江县，约1958—1965年，云南民族调查团摄，见云南美术出版社编：《见证历史的巨变——云南少数民族社会发展纪实》。昆明：云南美术出版社，2004年版）

◆ 怒族男女传统麻布衣装及全套佩饰（怒江傈僳族自治州福贡县，1995 年，周凯模、江河泽摄）

◆ 鞭形头饰和宽大的氆氇腰带，是怒族姑娘标志性的饰品（怒江傈僳族自治州贡山独龙族怒族自治县，1997 年，刘建明摄）

◆ 喝同心酒（怒江傈僳族自治州贡山独龙族怒族自治县双拉乡，张少民摄）

◆ 珠贝头饰、胸饰和彩线香包是怒族姑娘精心制作的饰品（怒江傈僳族自治州福贡县匹河怒族乡，2006 年，刘建明摄）

普米族

从青藏高原的甘、青一带“逐水草”向南迁徙的普米族，原属上古“西戎”族群中的羌人。在古羌早期，由于子孙繁衍及与秦王朝争斗失利，逐渐由高寒地带沿横断山脉向温暖低湿的南方移动。公元初，部分古羌人在今四川省的巴塘一带发展壮大，形成强大的部落联盟，其中有所谓的“地方千里”的古之白狼王国，其“白狼羌”就是形成普米族先民的一个较稳定的部落族体。13 世纪元世祖征大理，部分西番随军南下，定居滇西北，西番中的主要部分就成了今天普米族的先民。普米族自称“普英米”“普日米”或“培米”“普米”，意为“白色”或“白人”。汉文历史文献或他称有“筰”“西番”“巴”或“巴苴”“流流帕”“窝珠”“俄助”“博”等。

普米族原为游牧民族，清代乾隆《永北府志》卷二十五“永宁土知府所属夷人种类”条述：“西番一种，多住山岗，随牧迁徙。”[①] 后定居于海拔 2500 米上下的横断山脉纵谷区中部半山缓坡地带，聚族而居或与彝族、纳西族等杂居，主要从事山地农业，主种玉米、土豆、青稞和各种麦类。现有人口 4.5 万余人（2021 年统计数字）。语言属汉藏语系的藏缅语族羌语支，没有本民族文字，历史上曾经使用一种图画文字和用藏文字母拼写的文字，主要用于巫师“韩规”的宗教仪式及经文书写。

明代天启《滇志》卷三十述“西番”服式：“西番，永宁、北胜、蒗蕖凡在金沙江北者皆是。辫发，杂以玛瑙铜珠为缀，三年一栉之。衣杂布革，腰束文花毳带，披琵琶毡，富者至二三领，暑热不去。”[②] 清代乾隆《永北府志》卷二十五“永宁土知府所属夷人种类”条述：“西番……男女俱额刺山字，穿耳贯环，左衽赤足。”[③] 同时期《皇清职贡图》述：“男子辫发，戴黑皮帽，麻布短衣，外披毡单，以藤缠左肘，跣足佩刀；妇女辫发，缀以玛瑙砗磲，亦衣麻披毡，系过膝桶裙，跣足。”[④] 衣麻披毡，穿半长桶裙，是古代普米族的服饰特色。现代普米族披琵琶毡的情况较少见了，而披纯白羊皮较为流行。

与羌人一样，普米族崇尚白色。据普米族的学者研究，普米族尚白

① 清乾隆《永北府志》卷二十五《永宁土知府所属夷人种类》，转引自尤中：《中国西南的古代民族》374 页，云南人民出版社，1980 年版。

② 转引自尤中：《中国西南的古代民族》373-374 页，云南人民出版社，1980 年版。

③ 清乾隆《永北府志》卷二十五《永宁土知府所属夷人种类》，转引自尤中：《中国西南的古代民族》374 页，云南人民出版社，1980 年版。

④〔清〕傅恒等奉敕编：《皇清职贡图》之“西番”。见“钦定四库全书荟要”《山海经·皇清职贡图》183-721 页，长春：吉林出版集团有限责任公司，200 年版。

之俗与对“白额虎”的崇拜有关。在现实生活中，他们视虎年为吉年，虎日为吉日，虎年虎日生的婴儿为贵。[5] 现在普米族妇女标志性服式多为白色大襟短衣，百褶长裙，喜披白羊皮。披肩用山羊皮、绵羊皮和牦牛皮制成，以白色山羊皮披肩为贵。披肩上结两根带子，系在胸前。可当垫坐，也可在睡时当褥子。跳集体“锅庄”舞时，数十人的长裙一起随乐摆动，百褶裙翻涌如雪浪滔滔，更是动人心魄。待她们转过身来，又是清一色洁白的羊皮披肩，在跳跃的篝火火光中特别醒目。不同地区的普米族，服饰有所不同，主要区别在女装。宁蒗普米族短衣百褶长裙女装，与泸沽湖摩梭人极似，区别只在裙上的那根红线。兰坪、维西一带的普米族女装有差异很大的两种款式，一种半长衣长裤加右襟坎肩，接近当地白族服式；一种短衣坎肩百褶长裙，混融了某些傈僳风味。

⑤胡文明：《普米族名称的由来》，《民族文化》，1985年第2期。

Pvmi ceef (Bbe)

Pvmi ceef tee Cizail gayuaiq gge Gaisuf, Cihai chee’ loq nee ssee nef jjiq gguq ddiul bbei meeq juq bber bbel ceeq gge ddeehual waq, ebbei sherlbbei “Siruq” sel cheehual loq gge Qaisseiq loq yi. Cufcuq gge gv’ qai cheerheeq, cherl nee cherl guguq, Ciq waicaq gol ggee zozoq pil bbil, seil esseiq qil ddiuq nee heiqduail sai jjuq gguq nee xuqgv rher me ssua gge yichee meeq juq bberl bbel ceeq. Guyuaiq gai zherl, gvciai ddeehu eyi gge Seelcuai Bataiq nee ggeq heq ceeq, hualsso hualmil gai welweq bbel sseiddeq gge bvllof liaiqmeq bie, sseidvq li ddeeq gge Beflaiq waiqguef chee, Pvmi ceef lei bie, ssei gogoq gge ddeehual waq. 13 sheelji Yuaiq sheelzu nee Dalli siulsiu ceeq, Si’ fai ddeehu muqhual gguq nee meeq ceeq, diai sibef xul, Si’ faiq loq gge zeeyal cheehu eyi gge Pumi ceef gge epvzzee waq. Pvmi ceef wuduwuq gol “Pvyimi” “Pvreefmi” “Peiqmi” bbei sel, yilsee seil “cher perq” “xi perq”. Bif xi nee sel seil “Lieq’ lieq’ lieq” “Oqzul” “Si’ fai” “Ba” “Baziu” cheehu jju.

Pvmi ceef laQai sseiq gol nilniq bbei perq muq ser. Laiqpi, Ninaq chee’ loq gge Pvmi ceef seil perq gge ssee’ liu kelke bba’ laq dder muq, yuq’ ee perq pi ser. Pi zo tee ceel’ ee, yuq’ ee, bberq’ ee nee malma, ceel’ ee perq nee pvyi. Pi ggvzzeiq gol erq nikeeq zeel, nvlmei gv nee zeezee. Zzeeq gv diail zo bbei tal, yil gv ruqzee bbei tal. Ddeehual bbei “gozuai” co cheekaq, sseicerf sseigvl gge terq sherq ddeedi hulhuf ceeq, terq ddvqddv nee bbei perq bbaq kail neeq nifniq, xi nvlmei ko teiq daiq, teeggeeq ggumuq lei dobei ceeq cheekaq, perqsal perqsal gge yuq’ ee teiq pi yi, miwuq teiq welwe, sseiggv mieq daiq. Pvmi ceef gge tei’ ee soq xi nee ddvddv jerljer bbel ceeq mei, Pvmi ceef perq gol pieq chee “dol perq la” cuqbail gol guaixil jju. Piqsheeq gge nilwa loq, teeggeeq lakvl kvl gasel, lani nilwa gasel, lakvl lani jjuq gge ssuif mie ga sel sel ye.

Pvmi ceef hoqssa sherq geel ser. Hoqssa tee jilnv, maqniq, xipiq cheehu nee malma, gai zulzu gai pipi bbei reeq, ssabbe jjudo gge xipiq nee bbei, bbernerl gge xi piq seil ssa ggeesee nef ssa tete malma.

⑥ 刘必苏：《永北直隶厅志》卷七北胜州条。

⑦ 转引自尤中：《中国西南的古代民族》374 页，云南人民出版社，1980 年版。

⑧〔清〕余庆远：《维西见闻纪》。见方国瑜主编：《云南史料丛刊》第 12 卷，64 页。昆明：云南大学出版社，1998 年版。

男装

古代地方志和游记描述普米族男子服式为“男发细辫，挽髻脑后。”⑥清代乾隆《永北府志》卷二十五“永宁土知府所属夷人种类”条则述：“男人披发向上，头戴飞缨大帽，腰佩双刀，身披毡毯。”⑦“巴苴，又名西番……男挽总髻，耳带铜环，自建设以来，亦多剃头辫发者，衣服同于麽些。”⑧

现在兰坪县一带普米族男子扎包头，穿短衣、布和皮坎肩，宁蒗县男子穿右襟短衣，扎较宽氆氇腰带，喜戴毡帽，披白羊皮坎肩，穿长裤，裹白绑腿。青壮年男子穿右开襟短上衣，穿黑色或蓝色肥脚裤子，外边穿一件长衫，束白羊毛制作的绣花腰带；男子留长发，也用丝线把假发包缠在头上，戴圆形毡帽或盆檐镶金边礼帽。

普米族男子喜穿长筒皮靴。靴用毡、呢、皮革等制作，多为拼接缝制，硬革做底，软毡软皮等做靴面和靴筒。在一些地方，普米族男子戴毡帽穿大襟短袍着靴的服式，与藏族男装有些相似。

◆ 短衣长裤，外套穿布坎肩和皮坎肩（怒江傈僳族自治州兰坪白族普米族自治县，2006 年，刘建明摄）

◆ 穿短衣长裤的普米族男子（怒江傈僳族自治州兰坪白族普米族自治县，2006 年，刘建明摄）

◆ 穿短衣长裤的普米族男子（怒江傈僳族自治州兰坪白族普米族自治县，2006 年，刘建明摄）

维西一带的普米族，据清余庆远《维西见闻纪》述：地方志载“妇人辫发为细缕，披于后，三年一栉。”[⑨] “巴苴，又名西番……妇人辫发为细缕，披于后，三年一栉……顶覆青布，下飘两带，衣盘领及腹，裙如钟掩膝，不著裤，縢裹毡而跣足。”[⑩] 今维西普米族，部分保留了某些服饰，如辫发为细缕，但改披于后为盘起；玛瑙珠、砗磲等仍为常饰；百褶裙长及足，著裤，不再跣足。

居于宁蒗永宁泸沽湖一带的普米族服式与附近泸沽湖一带摩梭人相似。据明代景泰《云南图经志书》卷四“永宁府”述：“妇人以松膏泽发，搓之成缕，下垂若马鬃然。”[⑪] 清代乾隆《永北府志》卷二十五“永宁土知府所属夷人种类”条述：“女人辫发向下，缀系红白杂石，绩麻织缕为衣。”[⑫] 现在成年妇女仍都留长发，梳辫子，唯辫发已经盘起，喜用大块的黑布包缚头部，包头布长达三至五米，宽一尺左右，戴用牦牛尾做成的假发，并在发际拴饰若干紫、蓝彩线和串珠。穿麻布、绒布或棉布短上衣，近年亦喜丝绸，过去多用白色，现在用白黑红等多种颜色；右面开襟，下襟短，窄袖高领。为适应山区温差较大的特点，她们还喜欢穿用灯芯绒或小羊皮缝制的坎肩，领和衣边镶嵌金银边，称为“金边衣服”，背披羊皮。下穿白色棉麻布制成的百褶裙，裙子很长而且宽大，三丈布才能做一条裙子，几乎拖至脚面。蓬松的百褶裙用宽大厚实的氆氇腰带扎束，沉实厚重，易御腰膝之寒。劳动时将裙边掖一角在腰背处，别有一番风情。

⑨陈奇曲：《永北府志》卷二十五。

⑩〔清〕余庆远：《维西见闻纪》。见方国瑜主编：《云南史料丛刊》第12卷，64页。昆明：云南大学出版社，1998年版。

⑪转引自尤中：《中国西南的古代民族》372页，云南人民出版社，1980年版。

⑫转引自尤中：《中国西南的古代民族》374页，云南人民出版社，1980年版。

短衣长百褶裙式

◆ 右襟短衣百褶裙（宁蒗彝族自治县，1993年，邓启耀摄）

◆ 普米族以白为贵，白羊毛披肩，自是珍品（宁蒗彝族自治县，1993年，邓启耀）

◆ 右襟和对襟坎肩百褶裙两式（怒江傈僳族自治州兰坪白族普米族自治县，2006年，刘建明摄）

◆ 普米族女子短衣坎肩百褶长裙（迪庆藏族自治州维西傈僳族自治县，2005年，邓启耀摄）

◆ 身穿短衣坎肩百褶裙，披羊皮披的普米族姑娘（怒江傈僳族自治州兰坪白族普米族自治县，2006年，刘建明摄）

半长衣长裤式

◆ 半长衣长裤加坎肩，解放帽是20世纪五六十年代与时俱进的象征（怒江傈僳族自治州兰坪白族普米族自治县，约1958—1965年，云南民族调查团摄，见云南美术出版社编：《见证历史的巨变——云南少数民族社会发展纪实》。昆明：云南美术出版社，2004年版）

◆ 半长衣长裤加右襟坎肩（怒江傈僳族自治州兰坪白族普米族自治县，2006年，刘建明摄）

童装

普米族儿童不分男女，在十三岁以前一律穿一件右开襟麻布长衫，腰部扎一根麻布腰带。腰带的两端有纺织的花纹，尾部有线穗。

◆ 童装是成人装的缩小版（怒江傈僳族自治州兰坪白族普米族自治县，2006年，刘建明摄）

⑬〔清〕余庆远：《维西见闻纪》。见方国瑜主编：《云南史料丛刊》第 12 卷，64 页。昆明：云南大学出版社，1998 年版。

古代文献谈到普米族服装饰品，“衣杂布革，腰束文花毳带”，文花毳带可能类似氆氇。服装喜用玛瑙、砗磲、铜珠等为饰：“以玛瑙铜珠为缀”“缀以玛瑙砗磲”“枣大玛瑙珠、掌大砗磲各一串，绕于顶，垂于肩乳，行则钬铮之声不绝”。[13] 肢体饰有“藤缠左肘”“膁裹毡”。头饰类据《皇清职贡图》描绘，有点像今那马人妇女的头饰，耳饰则有“穿耳贯环”。佩饰主要有佩刀、弓弩、箭袋、乐器等。现在饰品更多，除了传统的玛瑙、贝壳、砗磲、铜珠、绿松石等，价廉色艳的塑料珠、塑料花等，也成为普米族姑娘喜爱的饰品。

◆ 彩珠头饰和胸饰（迪庆藏族自治州维西傈僳族自治县，2008 年，邓启耀摄）

◆ 硬弩、牛皮箭囊和牛角是有经验的猎手英武的标志，而四弦琴则是小伙子风流潇洒的象征（怒江傈僳族自治州兰坪白族普米族自治县，2006 年，刘建明摄）

◆ 头饰、耳饰和项饰（怒江傈僳族自治州兰坪白族普米族自治县,2006年,刘建明摄）

◆ 彩珠装饰的发辫和用贝壳、氆氇装饰的羊皮披（怒江傈僳族自治州兰坪白族普米族自治县，2006年，刘建明摄）

佤族

佤族自称“阿佤”“阿卧”“勒佤”“布热”“布饶”“巴饶”“佤”“布喇”“伯窝”“阿维”“土卧”“土佤”“佤鲁”“爱佤”等。他称有“望蛮”“望苴子蛮”“古剌”“哈剌”“戛剌”“哈杜”“哈瓦”“腊家”“布忍”“阿佤”“滚拉”“滚莱”“卡佤”“佤约克”“本人”“佧佤”等，在缅甸也称“佤”“古剌”“克伦”，泰国称“拉佤”。佤族主要生活在北回归线以南，跨境而居。澜沧江以西和怒江以东的怒山山脉南段的“阿佤山区”，山高谷深，森林密布。国内佤族现有人口 43.09 万余人（2021年统计数字）。

古代地方志载：唐宋时期卡瓦“以纱罗布披身上为衣，横系于腰为裙。纱罗布即中国木棉布，坚厚，或织以青红纹，仍环黑藤数百于腰上，行缠用青花布，赤脚。”[①] 明代“哈剌，……妇人……以娑罗布披身上为衣，横系于腰为裙。娑罗布即中国木棉布，坚厚，或织以青红纹，仍环黑藤数百围于腰上，行缠用青花布，赤脚。”[②] 清代“卡瓦……男穿青蓝布短衣裤，女穿青蓝布短衣裙。”[③] 或 “红藤束发缠腰”[④] 。也有用兽皮、棕榈叶串在藤条上，系于腰间，以此遮身。

佤族的服装款式和他们服装的原料及加工技术直接相关。佤族传统服装，主要来自佤山自产的土棉。从捻线纺纱到织布染色，全部都是手工操作。手工捻纺的线较粗，织出的布也就比较厚实。佤族妇女至今还用腰机踞织，口幅很窄，制作一件衣物，需要就料拼接，很少裁剪。所以，由两幅布两端拼接，中间留口的贯头衣，即是这种纺织工艺的产物。

①〔宋〕欧阳修、宋祁撰：《新唐书》卷二二二；见《二十五史》（影印本）第 6 卷。上海：上海古籍出版社，上海书店，1986 年版。

②〔明〕钱古训撰：《百夷传》。见江应樑校注《百夷传校注》。云南人民出版社，1980 年版。

③〔清〕阮元、伊里布等修，王崧、李诚等纂：《道光云南通志·南蛮志·种人》卷一八七（道光十五年刻本）引《皇朝职贡图》，云南省图书馆藏。亦见方国瑜主编：《云南史料丛刊》第 13 卷。昆明：云南大学出版社，2001 年版。

④《云南通志》卷二十四。同上注，391 页。

◆〔清〕阮元、伊里布等修，王崧、李诚等纂《云南通志稿·南蛮志·种人》，道光十五年刻本图像，一一二册（云南省图书馆藏）

Waceef

Waceef wuduwuq seil “Awa” “Awol” “Lefwa” “Bvlref” “Bvlssaq” “Bassaq” “Wa” “Bvlla” “Befwo” “Aweiq” “Tvwol” “Wa’lv” “Ngailwa” cheehu bbei sel. Bif xi nee teeggeeq gol sel seil “Lafja” “Bvlssei” “Awa” “Gui’la” “Gui’laiq” “Kawa” “Wayofkef” “Beisseiq” “Ciawa” cheehu sel. Miaidiail jjuq gge seil “Wa” sel, Tailguef jjuq gge seil “Lawa” sel. Waceef tee zeeyal seil befhuiq guixai gge meeq juq zzeeq, biaiji gai loq bbei zzeeq. Lailcai jai nimei ggvq juq nef nvljail nimei tv juq gge Nvlsai jjuq muq pa gge “Awa sai’qu”, jjuqsuaq loqhol, zzerq suaqbbi naq.

Ebbei sherlbbei gge tei’ee loq nee jeldiu mei: “Kawa……sso tobvl bie gge bba’laq dder muq lei dder geel, mil tobvl bie gge bba’laq dder muq terq dder geel” zeel. “Sa’loq tobvl ggumu gv pi bba’laq bbei, lei dderq bbei teel gol zee terq bbei. Sa’loq tobvl chee Zuguef gge mufmiaiq bvl seiq, lei lal lei gogoq, leiherq leixuq gge berl mailgguq ddaq, teel gol ggumiq bbaq naq dal waq bbei teiq zee, cihua bvl nee kee lvllv, keebbe ddol.” Ggumiq bbaq xuq nee gv’fv zee teel zee.” Ddeehu seil ceesaiq eepiq nef jjiceiq piel ggumiq bbaq gol teiq cuail yi teel gol teiq zee yi, ggumu galga.

Waceef gge muggvqjjiq gge sheelyail tee bba’laq cerl gge tobvl nef malma gge laqmee gol guaixil jju. Waceef nee muq ddu gge bba’laq zeeyal seil wasai ddiuq nee tv gge tvmiaiq nee malma. Keeqbbiq keeqssal nee sheelbbel tobvl cher keel, ddeehe bbei laqlo nee bbei. Laq nee bbiq gge keeq ddeemaiq bbiu, ddaq bbel ceeq gge tobvl la gogoq. Waceef milquf eyi la teel gol zee bbei ddaq gge tobvl ddaq zo zeiq mel see. Ddaf ceeq gge tobvl ceeq, bba’laq cerl seil zulzu dder, ggaiggaiq nee. Chee zeeggeeq nee, tobvl ni’fvf nibbif gai zulzu, liulggv kezee ziul gge talteq bba’laq chee, tobvl ddaq gol teiq hailhai gge ggvzzeiq waq.

◆ 男子短衣宽脚裤和女子短衣长筒裙（临沧市沧源佤族自治县，2008年，徐晋燕摄）

◆ 纺线／腰机踞织（临沧市沧源佤族自治县，2004/2006年，刘建明摄）

服装

男装

“套衣”是古代文献记述佤族男子服装多次提到的款式：明代“哈刺，……男子以花布为套衣，亦有效百夷制者。”⑤“男子衣服装饰类哈刺，或用白布为套衣。”⑥“男子间有剃发者，俱戴笋箨笠。”⑦“男戴黑皮盔”，⑧清代“男穿青蓝布短衣裤”⑨。

现在沧源、耿马、西盟地区佤族男子穿无领短衣，裤短而宽大，赤足，有时系绑腿，有的天热时仅束一块遮羞布。用黑布缠头，尊者缠红色包头，如大窝郎（掌管木鼓房的大头人，多为建寨人及其后代）、头人、魔巴（巫师）等。

⑤〔明〕钱古训撰《百夷传》。见江应樑校注《百夷传校注》。云南人民出版社，1980年版。

⑥〔明〕钱古训撰《百夷传》。见江应樑校注《百夷传校注》。云南人民出版社，1980年版。

⑦〔明〕陈文纂修：《云南图经志书》卷六“腾冲司”。见方国瑜主编：《云南史料丛刊》第6卷。昆明：云南大学出版社，1998年版。

⑧朱孟震撰：《西南夷风土记》，转引自尤中著：《中国西南的古代民族》497页。昆明：云南人民出版社，1980年版。

⑨〔清〕阮元、伊里布等修，王崧、李诚等纂：《道光云南通志·南蛮志·种人》卷一八七（道光十五年刻本）引《皇清职贡图》，云南省图书馆藏。亦见方国瑜主编：《云南史料丛刊》第13卷。昆明：云南大学出版社，2001年版。

◆ 系遮羞布的男子（临沧市，约1958—1965年，云南民族调查团摄，见云南美术出版社编：《见证历史的巨变——云南少数民族社会发展纪实》。昆明：云南美术出版社，2004年版）

◆ 佤王与随从（临沧市沧源佤族自治县，1936年，勇士衡摄）

◆ 男子短衣齐膝裤（临沧市耿马傣族佤族自治县，1935—1936 年，芮逸夫摄）

◆ 短衣长裤（传统裤式稍短宽大）（临沧市，约 1958—1965 年，云南民族调查团摄，见云南美术出版社编：《见证历史的巨变——云南少数民族社会发展纪实》。昆明：云南美术出版社，2004 年版）

◆ 扎包头穿宽脚长裤的佤族小伙子（普洱市西盟佤族自治县班帅老寨，1993 年，邓启耀摄）

◆ 便于山地劳作的短衣齐膝裤（临沧市沧源佤族自治县，1990 年，邓启耀摄）

◆ 老人的宽脚长裤是典型的传统式样（临沧市沧源佤族自治县，2004 年，刘建明摄）

◆ 短衣长裤（临沧市沧源佤族自治县，2007 年，刘建明摄）

◆ 穿上西式坎肩的佤族年轻人（黑白照片手工上色）（昆明艳芳照相馆摄，1956—1964 年，仝冰雪收藏）

女装

西盟地区佤族妇女披发戴银箍，穿无领贯头短衣，下穿筒裙，筒裙多为以红为主调的多色横条纹；天热时仅围短裙，赤裸上身或穿一无领无袖开胸短褂。天寒时，男女均披麻被单或棉毯，睡时当被盖。

孟连一带的佤族妇女身穿黑色无领对襟短上衣，对襟两边饰以银币或银链，胸前挂一银项圈或银片；头部包一块黑色上缀有银光及花边的包头巾，用色线缠绕固定在头上，下穿红色或黑色条纹裙子，腰间缠黑漆藤条。头戴银泡帽。

澜沧县佤族妇女服装主要款式为右衽短衣和筒裙，扎黑布包头。

贯头短衣长筒裙式

◆ 贯头短衣长筒裙（普洱市西盟佤族自治县，约1958—1965年，云南民族调查团摄，见云南美术出版社编：《见证历史的巨变——云南少数民族社会发展纪实》。昆明：云南美术出版社，2004年版）

◆ “拉木鼓”仪式中穿贯头短衣长筒裙的姑娘（普洱市西盟佤族自治县，1993 年，邓启耀摄）

◆ 贯头短衣长筒裙（普洱市西盟佤族自治县，1993 年，邓启耀摄）

短衣筒裙式

◆ 对襟与大襟筒裙（临沧市沧源佤族自治县，1936 年，勇士衡摄）

◆ 交襟短衣筒裙（临沧市耿马傣族佤族自治县，1936 年，芮逸夫摄）

◆ 盛装妇女（普洱市西盟佤族自治县，1936 年，勇士衡摄）

◆ 短衣长筒裙（临沧市沧源佤族自治县，约 1958—1965 年，云南民族调查团摄，见云南美术出版社编：《见证历史的巨变——云南少数民族社会发展纪实》。昆明：云南美术出版社，2004 年版）

◆ 大襟短衣长筒裙（临沧市沧源佤族自治县，2004/2008 年，刘建明 / 徐晋燕摄）

◆ 佤族老妇的大襟短衣长筒裙（临沧市沧源佤族自治县，1990 年，邓启耀摄）

◆ 小襟短衣长筒裙（2004 年，刘建明摄）

◆ 佤族妇女大襟短衣长筒裙（普洱市澜沧拉祜族自治县，1988 年，邢毅摄）

◆ 佤族妇女的大襟短衣长筒裙（普洱市孟连傣族拉祜族佤族自治县，2004 年，刘建明摄）

◆ 佤族妇女的大襟短衣长筒裙（临沧市沧源佤族自治县，2004，刘建明摄）

◆ 开襟和大襟短衣筒裙（普洱市孟连傣族拉祜族佤族自治县，1990年，邓启耀/徐晋燕摄）

◆ 由于一个关于帮助皇帝的传说，耿马当地以黄土做染料，这一带佤族服装以黄色为主，被称为“黄佤”，她们穿右襟短衣齐膝短筒裙（临沧市耿马傣族佤族自治县，2003年，李旭摄）

◆ 短衣筒裙（普洱市孟连傣族拉祜族佤族自治县，2008 年，徐晋燕摄）

◆ 对襟短衣筒裙（临沧市沧源佤族自治县，1990年，邓启耀摄）

◆ “黄佤“的左右襟短衣短筒裙（临沧市耿马傣族佤族自治县，2013 年，杨诏临摄）

童装

在孩子刚生下来的时候，佤族要用外婆的裙子包住婴儿，具有两代人衣裙相连和借长辈福气庇护后辈（纳于裙护）的寓意。如果他长大，便用多色毛线织成两个小彩球，缀于小圆帽或头发上。女孩子从三四岁起穿耳坠耳环，颈戴粗大的银项圈，手臂手腕戴雕花的银箍，腿部和腰间围若干箍圈。

佤族童装基本是大人服装的一个缩小版。不过，有母亲的精心装扮，孩子们的服装无论从质地、制作还是装饰，都更为精致。

◆ 男女童装（临沧市沧源佤族自治县，1936 年，勇士衡摄）

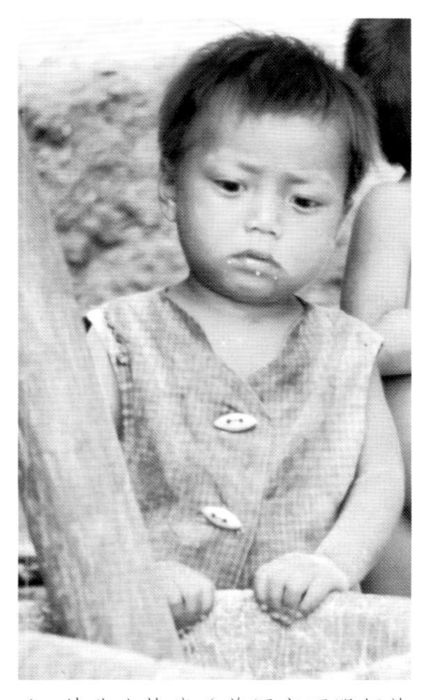

◆ 幼儿小坎肩（普洱市西盟佤族自治县岳宋乡，1998年，邓启耀摄）

◆ 被母亲用鹿角果、银泡和彩布精心装饰的幼儿小圆帽和坎肩（临沧市沧源佤族自治县，2004 年，杨克林摄）

◆ 跟着大人的两个小孩，服饰也随大人（2004/2008 年，刘建明 / 徐晋燕摄）

◆ 穿坎肩筒裙，被耳环、银链和项圈打扮得漂漂亮亮的女孩（临沧市沧源佤族自治县，2004 年，刘建明摄）

古代文献记述的佤族，特色饰品以女子腰饰较为显眼：唐宋时期即有“环黑藤数百于腰上”[⑩]“联贯珂贝巴齿真珠，斜络其身数十道”[⑪]的记载，明代“哈刺，……妇人髻在后，项系杂色珠……仍环黑藤数百围于腰上。”[⑫]清代“卡瓦……均以红藤缠腰”[⑬]或 “红藤束发缠腰”[⑭]。也有用兽皮、棕榈叶串在藤条上，系于腰间，以此遮身。直到现在，佤族妇女还喜欢在胸颈和腰间，缠挂数十串饰品。

佤族男子素以剽悍著称。唐代志书载：“望苴子蛮，在澜沧江以西。其人勇捷，善于马上用枪。所乘马不用鞍。跣足，衣短甲，才蔽胸腹而已，股膝皆露。兜鍪上插牦牛尾，驰突若飞。”[⑮]生活在莽荒山林中，长刀、弓弩、梭镖、火枪、背袋，是佤族男子的标准配搭，不仅实用，他们还会花很多功夫，把雕刻过的红木刀柄、刀鞘和佩带用细藤捆扎、编织、油漆，经过精心修饰的长刀，已经成为显示男子汉气质的特色饰品。

在重要的节祭活动如“拉木鼓”仪式中，领头的祭司兼头人“窝朗”头戴镶滚白边的红布包头，这包头据说代表着太阳鬼“慕依”的威严；他身穿一种叫“甲喊拉牙朗”的黑布坎肩，左胸用白色野鹿果缝缀成太阳图像，右胸则为月亮图案。拉木鼓时，窝朗还要在耳孔中插一束红木树叶“考格来”，代表太阳鬼“慕依”神圣的意志。耳孔里一插上红木树叶，一切人等均须听其指挥。魔巴（祭司）的衣服，一般也要用鹿角果缝缀日月、牛头、司岗里等图案。

青年人颈戴竹藤圈。他们也戴耳饰，为了佩戴粗大的耳饰，常常把耳垂上的孔弄得很大。

鹿角果是佤族常用的装饰材料。佤族祭司“魔巴”和大头人“窝朗”的祭服，会在黑色衣服上用鹿角果缝缀一些图案，除了日月、牛头等，还有一种形象不大明晰的形象，一般不易被人注意，但它的意义，可以说是至关重要的。这便是类似大门的“司岗里”图案。特别是自称“佤奴姆”的佤族，头人的服装上必须有两扇大门的图案，标志他们是“司岗”大门的守卫者。传说他们的祖先从司岗出来之后，就一直居住在阿佤山腹地，守护司岗的大门。“司岗里”，佤语直译为“石洞出”（西盟县）或“葫芦出”（沧源县），佤族神话叙述了人类和万物从“司岗”诞生的情形：

神创造了人类之后就把人放在岩洞里。有一天，洞里轰轰地响，像打雷一样。太阳和月亮出来听，石头和树连连问：这是什么响？小鸟说：人要出来了，我听见他们的声音了。人类的第一个母亲好农高兴地说：可能是躲避洪水藏在洞里的人。人要来了，可是石洞没有门，出不来。大象

⑩〔宋〕欧阳修、宋祁撰：《新唐书》卷二二二；见《二十五史》（影印本）第6卷。上海：上海古籍出版社，上海书店，1986年版。

⑪〔唐〕樊绰撰：《云南志》（《蛮书》）卷四。见方国瑜主编：《云南史料丛刊》第2卷。昆明：云南大学出版社，1998年版。

⑫〔明〕钱古训撰：《百夷传》。见江应樑校注《百夷传校注》。云南人民出版社，1980年版。

⑬〔清〕阮元、伊里布等修，王崧、李诚等纂：《道光云南通志·南蛮志·种人》卷一八七（道光十五年刻本）引《皇清职贡图》，云南省图书馆藏。亦见方国瑜主编：《云南史料丛刊》第13卷。昆明：云南大学出版社，2001年版。

⑭《云南通志》卷二十四。同上注，391页。

⑮〔唐〕樊绰撰：《云南志》（《蛮书》）卷四。见方国瑜主编：《云南史料丛刊》第2卷。昆明：云南大学出版社，1998年版。

用鼻子来撬、犀牛用尖角来抵、野猪用嘴来拱、鹦鹉和犀鸟的嘴都啄弯了，都没打开石门。它们去找慕依神，慕依说：让小米雀把嘴磨快，再去啄司岗。小米雀让苍蝇帮忙，它用嘴啄一下，苍蝇在上面吐一口唾沫，就这样打开了司岗洞。

人从洞里出来，豹子怕人出来会打死它们，就扑上去咬死了三个人。老鼠咬了豹子的尾巴，豹子疼得连忙跑开。从第四个起，人才活了下来。这个人是佤族，算老大。以后出来的，拉祜族是老二，傣族是老三，汉族是老四，还有一个老五是小佤族……

由于佤族认为人类起源于“司岗”，“司岗”自然也便成了他们心目中的圣地。在西盟县，被指为传说中的“司岗”的出人洞，是在岳宋乡附近的巴格岱（现在缅甸境内），前去朝拜过“司岗”的佤族人说，这个山洞样子有点像女性生殖器（也有的说像木鼓或葫芦），因此，魔巴在拉木鼓时穿的“法衣”坎肩前襟下摆处， 要用银泡或鹿角果镶缀出一对“司岗”图案，它的式样，就很像一个女阴。

据说，佤族送魂皆要送到“司岗”，他们父子连名的家谱上，第一代始祖的名字，居然就是“司岗”。

西盟佤族妇女标志性的饰品是弯若明月的银箍头饰。孟连佤族妇女多戴银泡头饰。织锦的挎包是每个女性必备佩饰，挎包上面还用白色的鹿角果缝缀出各种图案。

佤族妇女的耳饰、胸饰、腰饰和手镯也很有特色。沧源地区的佤族老年妇女喜戴粗大的鼓形耳饰，为此把耳洞撑得很大。她们还喜欢佩戴厚实的项圈和手镯，把一些日用工具挂在胸前。西盟一带的佤族妇女则爱用红色、蓝色和白色的细珠串连出长长的串饰，重重叠合挂在胸前，缠在腰间。佤族男女都常叼烟斗，据说是为了驱赶蚊虫，用山里的天然材料精雕细刻的烟斗，也因此成为佤族随身饰品的一个类型。

佤族妇女常裸身，上衣随寒暑而穿脱，但黝黑的上臂和手腕上，银镯或藤圈闪亮，衬出健康的肤色。大小腿之间，也戴有若干红黑相间的涂漆藤圈，色感质地沉着而又蕴含活力，与飘动的黑发遥相呼应。

在西盟的阿佤人的妇女筒裙后面都有一块相同的图案：它们是几组用白线织在黑底（间以两道红色）上的菱形叠套图案，菱形与菱形之间还有些顺势排列的直角折线。这个图案叫“彭普儿”，汉话叫“蝴蝶花”，是自从人类从“司岗”出来之后，最聪明能干的女人“阿姆拐”教的。阿姆拐在佤族神话中也是个传奇人物，她是最初“领导”族人的女人。她喜欢水牛，在牛角上刻了七道花纹；她受蟋蟀启发，做成了木鼓，并指示人们照着她下身的样子雕琢，挖槽镂空，果然声音很大；她说花花扭扭的云彩是天神写给阿佤的文字；她教人纺织，将梭子的样子织在女人的裙上（即“彭普儿”花），让她们永记不忘……

在澜沧县，佤族服饰也有很多有关木鼓的图纹。例如，女人裙边的

12道花纹，代表木鼓、木鼓上雕刻的佤文及稻谷抽穗的样子；裙腰上用红黄绿三色织的图案，据说是仿照白鹇鸟羽毛的花纹，因为白鹇鸟的羽纹又像木鼓的花纹，裙上还有一种菱形花纹，据说是老人琢木鼓时琢下的洞。她们的挎包，横有两道花样，上道为公，下道为母。这是因为木鼓有公母。公母两道图纹中间是人间，是人们在其间生活的空间，上有5道竖条，代表太阳照在木鼓上的光芒。包下缀有的红色绒球是木鼓的眼睛，镶嵌的鹿角果则为鼓棒。

佤族的服装如同一个象征：雄性阳光和雌性木鼓（佤族“窝朗”和“魔巴”多次强调它是女阴）的结合，是万物繁衍生长的保障。万物诞生的神妙之门，因神话的心而开启。

◆ 在“拉木鼓”仪式上，扎红色包头的大头人“窝朗”、黑色包头的巫师“魔巴”和黄色包头的村长在看酒卦（普洱市西盟佤族自治县班帅老寨，1993年，邓启耀摄）

◆ 木鼓进木鼓房的时候，手持象征太阳神授权的红毛树的大头人“窝朗”、接受姑娘们的敬酒并被喂祭食鸡肉红米饭。大头人“窝朗”、祭司“魔巴”和其他长老，除了包扎不同颜色的包头，还会在耳孔上插饰一片红毛树叶，象征着得到了太阳神的授权（普洱市西盟佤族自治县班帅老寨，1993年，邓启耀摄）

◆ 扎包头穿宽脚长裤佩刀文身的佤族小伙子（普洱市西盟佤族自治县班帅老寨，1993 年，邓启耀摄）

◆ 时尚的小伙子，脖子上挂的还是古老的饰物（2008 年，徐晋燕摄）

◆ 盛装妇女（临沧市沧源佤族自治县，1936年，芮逸夫摄）

◆ 左：佤女装饰，普洱市西盟佤族自治县；右：第一代佤族大学生胸饰（临沧市沧源佤族自治县。约1958—1965年，云南民族调查团摄，见云南美术出版社编：《见证历史的巨变——云南少数民族社会发展纪实》。昆明：云南美术出版社，2004年版）

◆ 佤族妇女银箍头饰、项圈、臂箍、重重叠合的彩色串珠项链和腰饰，短衣仅遮胸乳（普洱市西盟佤族自治县班帅大寨，1993年，邓启耀摄）

◆ 耳环和耳塞（2008 年，徐晋燕摄）

◆ 头箍、耳饰和项圈（普洱市西盟佤族自治县，2004 年，刘建明摄）

◆ 头饰、耳饰和项圈（普洱市孟连傣族拉祜族佤族自治县，2004/2008 年，刘建明 / 徐晋燕摄）

◆ 耳饰、项圈、项链和手镯（临沧市沧源佤族自治县，2008 年，徐晋燕摄）

◆ 驱蚊的烟斗、手工用具，都是佤族女人的佩饰（临沧市沧源佤族自治县 2004 年，刘建明摄）

◆ 头饰、耳饰和烟斗（普洱市孟连傣族拉祜族佤族自治县，2011年，谭春摄）

◆ 佤族妇女耳饰、项圈、项链和手镯（临沧市沧源佤族自治县，1990年，邓启耀摄）

◆ 耳饰、项圈、项链、手镯和烟斗（临沧市沧源佤族自治县，2008年，徐晋燕摄）

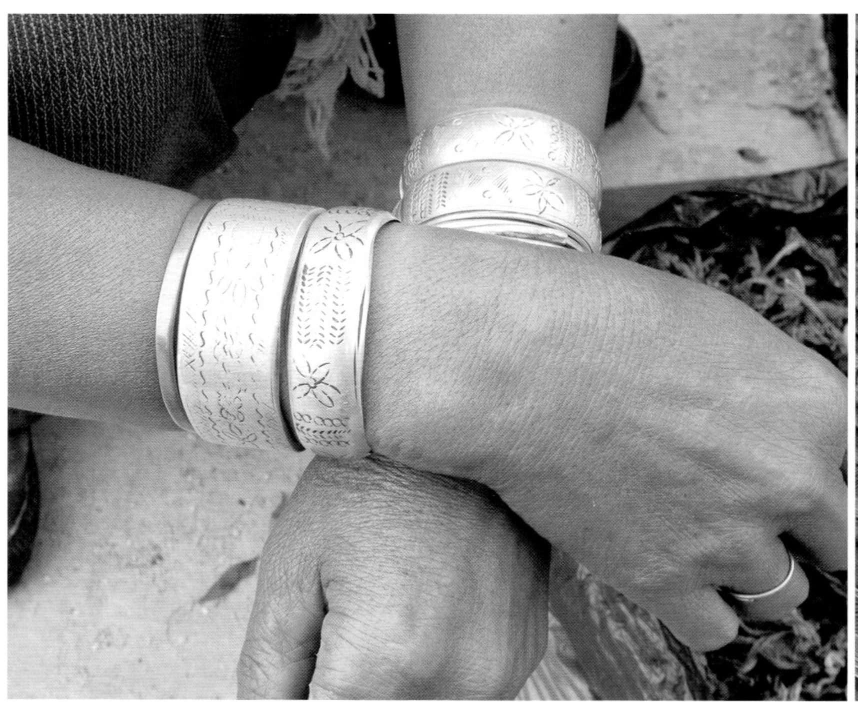

◆ 臂箍、手镯和戒指（临沧市沧源佤族自治县/普洱市孟连傣族拉祜族佤族自治县，2004年，刘建明摄）

◆ 佤族妇女银箍头饰、项圈、项链和手镯（临沧市沧源佤族自治县，1990年，邓启耀摄）

◆ 精编漆饰的腰篓，装的是时尚的手机（2008年，徐晋燕摄）

参考文献

古籍：

〔晋〕常璩撰：《华阳国志·蜀志》。见方国瑜主编：《云南史料丛刊》第1卷，昆明：云南大学出版社，1998年版。

〔唐〕白居易《蛮子朝》诗。见方国瑜主编：《云南史料丛刊》第2卷，144页。昆明：云南大学出版社，1998年版。

〔唐〕樊绰撰：《云南志》（《蛮书》）卷七。见方国瑜主编：《云南史料丛刊》第2卷。昆明：云南大学出版社，1998年版。

〔唐〕梁建方撰：《西洱河风土记》。见李瓒绪、杨应新主编：《白族文化大观》，昆明：云南民族出版社，1999年版。

〔唐〕魏徵等撰：《隋书·地理志》。见《二十五史》（影印本）第5卷。上海：上海古籍出版社，上海书店，1986年版。

〔宋〕李昉撰：《太平御览》（影印本）。北京：中华书局，1985年版。

〔宋〕欧阳修、宋祁撰：《新唐书》。见《二十五史》（影印本）第6卷，上海：上海古籍出版社，上海书店，1986年版。

〔宋〕周去非《岭外代答》卷六。见方国瑜主编：《云南史料丛刊》第2卷。昆明：云南大学出版社，1998年版。

〔元〕李京《云南志略·诸夷风俗》。见方国瑜主编：《云南史料丛刊》第3卷。昆明：云南大学出版社，1998年版。

〔明〕刘文征《滇志》。见方国瑜主编：《云南史料丛刊》第7卷。昆明：云南大学出版社，1998年版。

〔清〕阮元、伊里布等修，王崧、李诚等纂：《道光云南通志·南蛮志·种人》，云南省图书馆藏。亦见方国瑜主编：《云南史料丛刊》第13卷。昆明：云南大学出版社，2001年版。

〔清〕檀萃辑：《滇海虞衡志》。见方国瑜主编：《云南史料丛刊》第11卷。昆明：云南大学出版社，1998年版。

著作：

曹先强主编：《阿昌族文化大观》。昆明：云南民族出版社，1999年版。

陈本亮主编：《佤族文化大观》。昆明：云南民族出版社，1999年版。

邓启耀主编：《云南岩画艺术》。昆明：云南人民出版社、云南美术出版社，2004年版。

郭大烈、何志武著：《纳西族史》。成都：四川民族出版社，1994年版。

李金明主编：《独龙族文化大观》。昆明：云南民族出版社，1999年版。

李昆声主编：《南诏大理国雕刻绘画艺术》。昆明：云南人民出版社、云南美术出版社，1999年版。

李瓒绪、杨应新主编：《白族文化大观》。昆明：云南民族出版社，1999年版。

雷波、刘劲荣主编：《拉祜族文化大观》。昆明：云南民族出版社，1999年版。

刘达成主编：《怒族文化大观》。昆明：云南民族出版社，1999年版。

刘怡、白忠明主编：《基诺族文化大观》。昆明：云南民族出版社，1999年版。

穆文春主编：《布朗族文化大观》。昆明：云南民族出版社，1999年版。

桑耀华主编：《德昂族文化大观》。昆明：云南民族出版社，1999年版。

史军超主编：《哈尼族文化大观》。昆明：云南民族出版社，1999年版。

斯陆益主编：《傈僳族文化大观》。昆明：云南民族出版社，1999年版。

陶天麟著：《怒族文化史》。昆明：云南民族出版社，1997年版。

王海涛主编：《云南历代壁画艺术》。昆明：云南人民出版社、云南美术出版社，2002年版。

谢蕴秋主编：《云南境内的少数民族》。北京：民族出版社，1999年版。

杨德鋆著：《云南少数民族织绣艺术概说》《云南少数民族织绣纹样》，北京：文物出版社，1987年版。

约瑟夫·洛克著：《中国西南的古纳西王国》。昆明：云南美术出版社，1999年版。

云南美术出版社编：《见证历史的巨变——云南少数民族社会发展纪实》。昆明：云南美术出版社，2004年版。

云南社会科学院哲学所及安宁县县志编纂委员会办公室编：《安宁发展史》。云南人民出版社，1989年版。

张增祺主编：《滇国青铜艺术》。昆明：云南人民出版社、云南美术出版社，2000年版。

赵吕甫校释：《云南志校释》。北京：中国社会科学出版社，1985年版。

赵学先、岳坚主编：《景颇族文化大观》。昆明：云南民族出版社，1999年版。

论文：

函芳著：《白族的虎崇拜》。云南《民族文化》双月刊，1983年第6期。

张秀明、李嘉郁著：《浅析那马人的服饰》。《怒江》1985年2期。

摄　影：

（以采用数量为序）

邓启耀　刘建明　徐晋燕　勇士衡　李剑锋　约瑟夫·洛克
周凯模　芮逸夫　曹子丹　赵　瑜　蒋　剑　熊　迅　尤明忠
刘达成　石　伟　邓圆也　仝冰雪　江河泽　刘建华　杨克林
王明富　邓启荣　江应樑　李跃波　谭　春　王文贵　徐　冶
H.R. 戴维斯　欧燕生　王国祥　杨　乐　杨丽仙　陈安定
陈　景　陈克勤　陈　强　高桂萍　耿云生　G.C. 里格比
金保明　郎志刚　李娜妥　李　旭　李志雄　刘　石　罗小韵
彭义良　苏　锟　谭乐水　田正清　W.A. 瓦茨·琼斯　王立力
王艺忠　夏碧辉　邢　毅　杨春禄　张少民

图片供稿：

云南民族调查团 / 云南美术出版社　FOTOE 集成图片库　典藏台湾
云南图片网 /FOTOE　CTPphoto/FOTOE　readfoto　哈佛大学图书馆网页
国家社科基金重大项目“中国宗教艺术遗产调查与数字化保存整理研究”
多媒体数据采集